中国烟草有害生物图鉴

中国烟田杂草图鉴

ZHONGGUO YANTIAN ZACAO TUJIAN

王凤龙　周义和　时　焦　任广伟　主编

中国农业出版社

北京

编 辑 委 员 会

前言
FOREWORD

　　烟草是我国重要的经济作物之一，也是云南、贵州、四川、湖南、河南等烟草种植区烟农的主要经济来源。烟田发生的病害、虫害、杂草是影响我国烟叶生产可持续发展的重要因素，每年都造成较大的经济损失。

　　20世纪90年代初期，我国曾开展"全国烟草侵染性病害调查""全国烟草昆虫调查研究"工作，基本查明了当时危害我国烟草的病虫害种类及分布，并对重要病虫害种类进行了较为深入的研究，但未对全国范围内烟田杂草种类及发生情况进行系统调查。近年来，烟草种植区域、栽培措施、生态条件等发生了较大变化，导致我国烟草有害生物发生日趋复杂。鉴于此，2010年，中国烟草总公司启动"全国烟草有害生物调查研究"项目，该项目由中国烟叶公司、国家烟草专卖局科技司牵头，中国农业科学院烟草研究所主持，全国35家相关科研院所和高等院校共同参与，联合23个植烟省（自治区、直辖市）开展了大量调查研究工作。历时5年，基本明确了现阶段我国烟田发生的杂草种类及分布情况，查明烟田杂草500多种。

　　为了反映"全国烟草有害生物调查研究"项目成果，并为烟草植物保护科技工作者提供一部较为实用的工具书，特编撰、出版《中国烟田杂草图鉴》一书。

　　本书共分为2章，第一章介绍了我国烟田杂草研究概况。第二章收录了常见的烟田杂草43科，276种，重点介绍了烟田主要杂草的种类及分布、形态特征、防除方法等，并附烟田常见杂草的形态特征图片。

　　本书图文并茂，通俗易懂，所介绍的杂草防除方法实用性和可操作性强，可供广大烟叶生产技术人员、植物保护工作者、高等院校师生参考使用。

在本书的编写过程中，中国烟叶公司、国家烟草专卖局科技司、中国农业科学院烟草研究所、青岛农业大学、广西大学、湖南师范大学、沈阳农业大学、云南农业大学以及相关科研院所和高等院校给予了大力支持和帮助，在此一并表示衷心的感谢！

由于时间仓促，加之编者水平所限，书中错误或不妥之处在所难免，恳请广大读者批评指正。

编　者

2020年10月

目录
CONTENTS

第一章 我国烟田杂草研究概况

明代末期，烟草从海外传入我国，随后在我国广泛种植，至今已有400多年的种植历史。目前，我国烟草种植面积与烟叶产量均居世界首位。两烟（烟叶、卷烟）生产与经营在增加国家财政收入和发展地方经济中发挥着重要的作用，烟草行业上缴利税占国家财政收入的8%左右。烟叶是烟草行业发展的基础，也是烟草行业稳定的基础（苏新宏，2008；蒋予恩，1988）。

随着现代烟草规模化种植方式的不断完善，烟草生产大户种植、农场化种植、合作社集中连片种植等种植方式成为一种发展趋势。在我国城镇化快速发展的形势下，农村劳动力结构变化很大，从事农业生产的劳动力不断弱化。目前农村劳动力不仅难求，而且价格也不断攀升。在这种大形势下实现农业生产机械化，包括烟草生产的机械化是解决农业生产劳动力匮乏、劳动强度大、劳动生产效率低的重要途径（时焦 等，2015）。烟草生产的诸多环节，如烟田耕翻、育苗、移栽、病虫害防治、采收、烘烤等都实现了一定程度的机械化与智能化，但是杂草防除这一生产过程难以实现机械化，取而代之的是化学防治。由于化学防治的负面作用不断显现，促使杂草生物学等方面的研究进一步深入，如杂草种类、发生特点、发生规律、种子库等研究，以及除草剂种类筛选、药害诊断与预防、除草剂飘移药害的预防等领域的研究，为研发新的绿色环保、省工、省力的除草措施奠定基础。

第一节 我国烟田杂草发生特点及其研究

据联合国粮食及农业组织报道，全世界有杂草5万种左右，其中，农田杂草大约为8 000种，危害粮食作物的主要杂草约250种。我国农田杂草有704种，分属87科366属，旱田杂草451种，对农业生产造成危害的重要农田杂草有120种（余清，2008）。

烟草大田生长期适逢高温雨季，十分有利于杂草的发生，几乎所有旱地杂草都有可能在烟田中生长。目前烟草栽培采用地膜覆盖栽培较多，地膜覆盖烟田杂草多，生长快，人工难以拔除，杂草可顶破薄膜，影响覆膜效果，杂草的发生成为地膜栽培的一大障碍。杂草给烟草造成严重危害，不但与烟草争水、争光、争肥，干扰烟草正常生长发育，极大地影响烟草的产量和质量，而且许多杂草还是病虫害传播的中间寄主，如杂草大量滋生可使烟草白粉病发生和危害加重。另外，大多数二年生、宿根杂草是病菌和害虫的越冬场所。根据Parker等统计，由杂草造成的全球农作物平均产量损失大约为12%。

据统计，我国烟草受杂草危害减产在10%以上。因此，烟田杂草的防除历来是烟农的重要农事操作之一（余清 等，2008），人工锄草费时、费力，因此化学除草剂得到了烟农的青睐，应用面积不断扩大。20世纪50年代除草剂的销量只占整个农业化学剂总销量的20%，而20世纪80年代上升为50%，此后上升为60%（Jutsum，1988）。我国是一个农业大国，具有多种作物，种植区域面积大，且不同区域地理及气候条件差别较大。而每一区域又具有多种杂草组成的杂草复合群体，杂草种类繁多，化学除草面积每年都以200万hm²以上的速度增长。在除草剂的使用过程中，如在对除草剂的选择性、施药适期、施药剂量和施药方法不够了解的情况下用药，不仅起不到应有的效果，还会对当季作物和下茬作物造成药害。

长期以来杂草防除问题对农业生产，尤其是烟草生产提出了严峻的挑战。近年来，随着化学除草剂的大量应用，加上农村种植业结构的调整、耕作制度的改变，农田杂草种群变化和群落演替加速，农田杂草的优势度和危害程度发生了巨大变化，有的优势杂草变为次要杂草，而过去发生程度较轻的杂草上升为主要杂草，如稻田的矮慈姑、野荸荠、李氏禾、千金子，麦田的菵草、早熟禾、棒头草、雀麦、打碗花、刺儿菜、婆婆纳，玉米田的苘麻、铁苋菜、苍耳、鸭跖草，油菜田的猪殃殃、繁缕、鹅肠菜、荠菜、稻槎菜，棉田的反枝苋、婆婆纳、半夏等均上升为恶性杂草或难除杂草（张朝贤 等，1998）。

由此可见，摸清我国烟田主要杂草种类及其在烟田的发生与分布规律，是保护生态环境、减少烟叶等农产品农药残留的当务之急，也是把握杂草防除关键时期，确定杂草防治方案，以及决定除草剂施用剂量的重要依据。

一、种类与量化参数计算

1. 种类

2010年中国烟草总公司下达了"全国烟草有害生物调查研究"科研项目，随后在全国23个省（自治区、直辖市）相关研究人员的共同努力下，历时5年，基本摸清了全国烟田杂草种类，共计59科，500多种。分布较广、危害较重的杂草主要有16种：马唐（*Digitaria sanguinalis*）、稗（*Echinochloa crusgalli*）、牛筋草（*Eleusine indica*）、狗尾草（*Setaria viridis*）、香附子（*Cyperus rotundus*）、铁苋菜（*Acalypha australis*）、刺儿菜（*Cirsium setosum*）、鳢肠（*Eclipta prostrata*）、藜（*Chenopodium album*）、酸模叶蓼（*Polygonum lapathifolium*）、尼泊尔蓼（*Polygonum nepalense*）、马齿苋（*Portulaca oleracea*）、荠菜（*Capsella bursa-pastoris*）、反枝苋（*Amaranthus retroflexus*）、牛膝菊（*Galinsoga parviflora*）、打碗花（*Calystegia hederacea*）。南方烟区的优势杂草种类主要有马唐、双穗雀稗、牛筋草、尼泊尔蓼、牛膝菊、藿蓟、藜等；北方烟区的优势杂草种类主要有牛筋草、马唐、狗尾草、莎草、反枝苋、马齿苋、打碗花、铁苋菜、刺儿菜等（叶照春 等，2010）。

2. 量化参数的计算

均度（U）：指某种杂草在调查样中出现的样方次数占总调查样方数的百分比。

频度（F）：指某种杂草出现的样品数与调查总样地数的百分比。

密度（MD）：指某种杂草在各样品中的密度之和与调查总样地数之比（株数/m²）。

平均盖度（MC）：指某种杂草在各样品中的盖度之和与调查总样地数之比。

$$U = \frac{\sum\limits^{n} \sum\limits^{9} X_i}{9n} \times 100\%$$

$$MD = \frac{\sum\limits^{n} D_i}{n}$$

$$F = \frac{\sum\limits^{n} Y_i}{n} \times 100\%$$

$$MC = \frac{\sum\limits^{n} C_i}{n}$$

以上四式中，n 为调查样地数；9 为调查样方数；X_i 为某种杂草在调查样地 i 中出现的样方次数；D_i 为某种杂草在调查样地 i 中的平均密度（株数/m²）；Y_i 为某种杂草在调查样地 i 中的出现与否，为 1 或 0；C_i 为某种杂草在调查样地 i 中的平均盖度，盖度是指杂草在样地中的投影面积占样地面积的百分比，由于杂草的叶片高低分层，互相重叠，各种杂草的总盖度或一种杂草的盖度可能超过100%。盖度实测比较复杂，一般采用目测估值法计算。

二、发生规律

我国地域广阔，南北方气候条件差异很大，烟田杂草的出土时间和数量与烟区的气候条件、土壤湿度等自然因素，以及移栽时间、栽培管理措施、是否覆膜栽培、防治措施等人为因素密切相关。一般来说，多雨、高湿条件下杂草发生相对较严重；而移栽后气候干燥、土壤湿度低，杂草发生相对较轻。

刘胜男等（2014）和朱建义等（2015）通过田间调查，研究了四川省德阳市、凉山彝族自治州（简称凉山州）和攀枝花烟田杂草的出苗高峰，叶照春等（2011）调查了贵州省农业科学院烟草试验田的杂草出苗规律，三者调查结果都证明烟苗移栽后20～30d有一个杂草出苗高峰。朱建义等（2015）认为烟草揭膜培土后1～10d还有一个杂草出苗高峰，其中以第一个高峰为主，占总出苗数的67%。

刘胜男等（2014）调查发现四川省德阳市烟草试验田的杂草种类共27种，其中猪殃殃、自生水稻苗、荠菜、早熟禾、石胡荽、马唐、牛筋草为主要杂草，占总杂草发生量的80.91%。阔叶杂草发生数量所占比例为56.54%，禾本科杂草发生数量所占比例为43.19%，莎草科杂草极少。在烟苗生长前期，猪殃殃、自生水稻苗、荠菜、马唐萌发量较大；4月上旬早熟禾、石胡荽开始大量发生，随后田间杂草出苗总数逐渐减少。

朱建义等（2015）研究报道，在四川凉山和攀枝花地区的盐源、会理、会东、冕宁、德昌、西昌、米易、盐边、仁和9县（区），从5月上旬（移栽后15～20d）开始，酸模叶蓼、尼泊尔蓼大量发生，5月中旬（移栽后30d）后发生量逐渐减少，而牛膝菊、苦荞麦、马唐、早熟禾等杂草发生相对较多。揭膜培土后，牛膝菊和马唐出现第二个出苗高峰，而其余杂草发生量显著下降。移栽后20～30d的第一个出苗高峰期主要杂草均大量发生；在第二个出苗高峰期（烟草揭膜培土后1～10d）只有牛膝菊、马唐、香附子发生量较大。朱建义（2015）等认为，凉山和攀枝花地区烟田杂草出苗表现出相同的规律，第一个杂草出苗高峰期（烟草移栽后20～30d）是杂草防除的关键，在第二个杂草出苗高峰期（烟草揭膜培土后1～10d）烟草生长迅速，杂草危害较轻，可以根据实际情况进行1次除草或不除草。

叶照春等（2011）采用5点田间定点调查方法研究了贵州省农业科学院烟草试验田的杂草出苗规律，调查结果显示试验地田间以马唐、狗尾草、反枝苋、空心莲子草、牛膝菊、大籽蒿等为杂草优势种群，其发生数量和鲜重所占比例分别为79.71%和75.56%。阔叶杂草发生数量、鲜重所占比例分别为60.73%和75.16%，禾本科杂草发生数量、鲜重所占比例分别为34.61%和19.26%，莎草科杂草发生数量、鲜重所占比例分别为4.66%和5.58%。发现在烟苗生长前期，发生较多的杂草有次生油菜、狗尾草、牛膝菊、马唐、空心莲子草、大籽蒿等，7月初阿拉伯婆婆纳开始大量发生，7月中旬后，次生油菜、马唐、狗尾草、牛膝菊、反枝苋等一年生杂草发生较少，而空心莲子草、大籽蒿、香附子等多年生杂草发生相对较多；随后杂草出苗逐渐减少，8月底后杂草出苗量极少（叶照春 等，2011）。

杨蕾等（2011）采用倒置W9点取样法对辽宁省烟田杂草进行了调查。结果表明，辽宁省烟田杂草共有51种，分属20科，其中阔叶杂草40种，占78.43%，禾本科杂草6种，占11.76%，其他杂草5种，占9.80%；一年生杂草占绝对优势，有41种，占80.39%，多年生杂草10种，占19.61%。马唐、铁苋菜、灰藜、反枝苋、莎草、列当、鸭跖草和稗的相对多度在15%以上，是辽宁省烟田的优势杂草。地区间杂草危害情况差异显著，在丹东地区无心菜和马唐危害较重，在铁岭烟区铁苋菜和灰藜危害较重，在朝阳烟区列当、马齿苋和反枝苋发生占优势，在阜新烟区列当、反枝苋、灰藜和刺藜危害较重。

云南省玉溪烟区杂草萌发量最多的是双子叶杂草，其次是除莎草外的单子叶杂草，然后是莎草。单子叶杂草田间萌发时期主要在6月，双子叶杂草田间萌发时期主要在6—7月，莎草萌发时期主要在6月下旬至7月上旬。玉溪烟区杂草的发生有以下几个特点：①杂草萌发与田间水分、降雨关系密切，移栽前期杂草基本不萌发，当浇水到一定程度或充分降雨后杂草开始萌发；②整个大田生育期有2个明显的杂草萌发高峰；③提沟培土后，双子叶杂草较单子叶杂草萌发得多；④自烟草移栽后10d左右杂草开始萌发，单子叶杂草较双子叶杂草萌发早，单子叶杂草萌发集中在5月15日至6月5日，双子叶杂草萌发集中在5月15日至6月15日（余清，2008）。

云南省昆明烟区单子叶杂草在数量上一直较为稳定，中期虽有上涨，但幅度不大；而双子叶杂草则呈一路上升趋势，在多雨期上升速度加快；莎草在多雨期停止萌生或者雨时很少萌生，7月下旬后处于萌生高峰期。昆明烟区杂草萌生的主要特点：双子叶杂草最多，且多在前期萌生，随降水量增多而逐渐减少；单子叶杂草数量不及双子叶杂草多，但随着降水量的增多而增多，在高温多雨期处于萌生高峰期。在6月中旬至7月中下旬的高温多雨季节，单子叶杂草数量一直较为稳定，在多雨期有一定提高，属萌生高峰期，双子叶杂草处于萌生低谷期，莎草类则受降水影响最大，在多雨时很少萌生，在7月下旬后处于萌生高峰期（余清，2008）。

云南省普洱烟区与省内其他烟区相比降水较丰沛，热量较高，调查发现普洱景东彝族自治县烟田杂草萌发与降水、温度、湿度和人工除草次数密切相关；烟田单子叶杂草、双子叶杂草萌发期基本同步；双子叶杂草萌发量明显高于单子叶杂草，7月中旬以后双子叶杂草进入持续大量萌发阶段；莎草萌发时期主要在7月上旬（余清 等，2008）。

三、烟田土壤杂草种子库的研究

杂草种子库是指存在于确定面积的土壤表面及其下方的土层中具有活力的杂草种子总数（王德好 等，2005），是杂草得以自然繁衍的关键。田间杂草主要来源于土壤杂草种子库，研究杂草种子库对于杂草种群的发生与消长演替具有重要意义，目前杂草种子库的研究已成为国际上植物生态学领域的研究热点之一（张玲 等，2004）。早在20世纪30年代英国学者Brenchley和Warington就对耕作田杂草种子库的杂草种子进行了详细研究（Brenchley et al.，1930；Brenchley et al.，1933；Brenchley et al.，1936），此后各种群落和生态系统中的土壤杂草种子库研究相继开展，主要涉及农田、草原、荒漠、沼泽、森林等。而我国对土壤杂草种子库的研究则始于20世纪80年代后期，主要集中在森林植被类型的土壤杂草种子库特征、土壤杂草种子库在废弃地植被恢复中的作用等方面（杨红梅 等，2008；于顺利 等，2003）。近年来国内的学者也开始对农田杂草种子库进行研究，吴竟伦等（2000）研究了稻田的杂草种子库，娄群峰等（1998）研究了油菜田的土壤杂草种子库，苟正贵等（2010）对贵州2个烟区的土壤杂草种子库进行了初步研究。陈丹等（2013）从2010年开始，历时3年对山东5个烟区的土壤杂草种子库开展了研究；同时从2011年开始取样，历时4年对四川省六大主要烟区的土壤杂草种子库开展了相关研究。石生探等（2015）对重庆主要烟区土壤的杂草种子库进行了研究。

有关烟田土壤杂草种子库研究涉及的内容主要包括取样方法、获取土壤的方法和杂草种子库容量的测定。

1. 田间取样方法

（1）对角线5点取样。对角线5点取样法，即先确定对角线的中点，将其作为中心取样点，再在对角线上选择与中心取样点距离相等的4个点作为样点。这是最常用的田间土壤取样方法。

（2）倒置W9点取样。倒置W9点取样法的具体操作，取样者在选定的大田（图1），沿田边向前走70步，向右转向田里走24步，开始倒置W9点取样法的倒置第一点取样，抽取自然田块样本。取样结束后，向纵深前方走70步，再向右转向田里走24步，开始抽取第二个自然田块样本。以同样的方法完成九点取样。根据田块面积，可相应调整向前向右的步数，以便尽可能使样本田块均匀分布于田间。

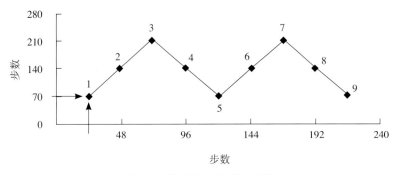

图1　倒置W9点取样法示意

2. 获取土壤样品的方法

许多杂草植株的结实量很大，因此烟田土壤中存留的杂草种子量也很庞大。杂草种子库的容量一般指土壤表面及土层中有活力的杂草种子数量。杂草种子在田间的分布是不均匀、无规则的，大部分杂草种子在土壤中呈泊松分布或负二项式分布。国内外学者尝试多种取样方法，希望对聚集分布的生物有一个比较准确的估测。在土壤种子库方面，对取样器、取样数量、取样精确度做了大量的研究。取样方法常用的有两种，第一种方法是用内径12.8cm的取样器取样，然后用刀修成直径12.2cm的土柱；第二种方法是采取两次取样，先用1m×1m的方形取样器取样，然后用内径2cm的圆形取样器随机取样，土层厚2cm。取样方法的确定还需要考虑样品数、每个样品的大小、总土样大小、人力与物力之间的多方协调等。

烟田杂草种子库的研究中采用的取样方法是，在烟田耕耙后至起垄前，用直径5cm的圆筒形土壤容重取样器，每块田按照6点取样，每个土层共取12个土柱。4个土层取样：按0～5cm、5.1～10cm、10.1～15cm、15.1～20cm。取样后，让土壤样品风干，然后按照等质量将每个土样装2个塑料盆中，然后注水并置于特定的环境中，让杂草种子萌发，每周记载1次。

3. 杂草种子库容量测定方法

（1）诱萌法。该方法使用最为普遍，将采集来的土壤样品分层处理，并借助低温层积、适量高温或化学物质刺激等方法，打破种子休眠，诱使杂草种子萌发，通过鉴定和统计杂草幼苗，检测出相应的杂草种子数量。

（2）淘洗法。将取回的土壤样品，装于不同规格的筛子中，用水冲洗土壤，去除沙砾和泥浆，分离鉴定杂草种子。

（3）漂浮法。将土壤样品与各种浓度的盐溶液混合，搅拌离心，杂草种子和较轻的有机物浮在上层，经过滤洗涤，鉴定统计杂草种类和数量。

4. 我国烟田杂草种子库的研究概况

时焦等在2010—2012年采用诱萌法对山东省主产烟区，临沂、潍坊、淄博、莱芜和青岛的烟田土壤（25cm耕层）杂草种子库的杂草种类与数量进行了研究。结果表明，多数样品中单子叶杂草数量明显高于双子叶杂草；不同烟区杂草种子库的密度存在差异，密度最大的是莱芜烟区苗山镇，为32 891粒/m²，最小的是诸城贾悦镇，为1 719粒/m²；不同耕层土壤中杂草种子的密度也存在差异，多数样品0～15cm耕层中的杂草种子密度最大；单子叶的莎草科和禾本科杂草在土壤种子库中的数量较大，而双子叶杂草数量较小（陈丹 等，2013）。

石生探等（2015）采用直接萌发法，对重庆市酉阳县、黔江区、彭水苗族土家族自治县（简称彭水县）、奉节县和巫山县5个植烟区土壤杂草种子库的组成及数量进行了调查研究。结果表明，土壤中杂草种子库共有16科33种杂草种子，主要分布于0～10cm土层中。杂草种类主要有马唐、狗尾草、繁缕等，其中马唐为优势种，占杂草总量的26.65%，是重点防治对象。5个植烟区县中，巫山、酉阳、黔江烟田的土壤杂草种子库数量较大，密度分别为48 050粒/m²、44 933粒/m²、35 000粒/m²；彭水、奉节烟田土壤中杂草种子库数量较小，杂草种子密度分别为25 933粒/m²和28 125粒/m²。

时焦等2011—2014年利用诱萌法对四川省主要植烟区土壤杂草种子库的组成及数量进行了调查研究，结果表明，土壤杂草种子库中共有15科24种杂草种子，主要分布于0～15cm土层中。其中，剑阁县和昭化区的土壤杂草种子库较大，分别为28 176粒/m²和14 059粒/m²；冕宁县和米易县土壤杂草种子库较小，分别为2 765粒/m²和2 353粒/m²。禾本科杂草为优势种群，其次为菊科杂草。双子叶杂草种类多于单子叶杂草，但其杂草种子数量明显少于单子叶杂草（战徊旭 等，2015）。

苟正贵等（2010）采用单因素随机区组设计，通过种子萌发试验，对贵州省黔南布依族苗族自治州长顺县、贵定县烟区土壤杂草种子库的组成、数量及杂草种子的萌发规律进行了研究，结果表明，该区土壤杂草种子库共有杂草种类13科18种，主要分布在0～10cm土层，约占该区土壤杂草生长总量的54.41%。杂草种类主要有禾本科的看麦娘（*Alopecurus aequalis*）、金色狗尾草（*Setaria glauca*），占该区烟田土壤杂草数量的70.48%，是该区杂草防治的重点；其中，长顺烟田土壤中杂草种子较多，0～30cm土壤杂草种子库的种子密度为24 180粒/m²，贵定烟田的相对较少，为14 660粒/m²。

四、烟田杂草防除方法

烟田杂草防除是优质烟叶生产必需的农田管理措施之一，杂草防除不及时，不仅对烟叶的产量与质量带来严重影响，而且会造成病害的发生与流行。人工锄草是多年来一直采用的，也是对生态环境最安全的方法。随着科技的进步，新的省工、省力、快速、有效的方法更易被烟农接受与采用，目前最受烟农青睐的方法是化学防除。但随着除草剂的应用越来越广泛，由除草剂引起的药害和环境污染问题越来越引起人们的关注。因此在山东等农业发达地区推广机械防除杂草的方法。针对我国烟草生产的现实，烟田杂草的有效防除最好采用综合防治方法，常用的绿色环保除草措施如下。

1.草情监测

草情监测是杂草防除的一个有效方法，是选择除草剂种类、确定喷药时间及用药剂量等化学防治的基础。加强草情调查，以及相关研究，可为科学防除杂草奠定基础。

2. 轮作换茬

合理安排茬口布局，实行多种形式的轮作换茬。生态环境和耕作方式的改变会导致杂草群落发生相应的变化（俞琦英 等，2010）。此外，还可采用稻烟轮作，使喜旱杂草种子在潮湿的土壤中因生境不适而减少，从而降低其危害。同样，也可将水田改为旱田，使喜湿杂草种子在干旱条件下大量死亡。

3. 培育壮苗，促烟株早发

培育壮苗，加强苗期栽培管理，促进烟株早生快发，达到以苗压草的目的。

4. 冬耕及机械深耕

秋天对翌年的烟田进行一次深翻耕，将土表的杂草种子翻入下层土壤，减少翌年杂草的出土数量。另外，在旱田烟叶收获后马上用大型机械耕翻烟田，使杂草在结种子前翻入土下，减少烟田杂草种子数量。

机械除草效率高、灭草快，对环境而言比化学除草剂安全，对土壤微生物的活动及残余的薄膜降解均有良好效果。

5. 提倡使用高温堆肥

提倡使用高温堆肥，杀灭杂草种子，使用火土灰为烟苗补充钾肥，在火土灰制作过程中杀灭杂草种子。

6. 提倡秸秆覆盖

秸秆覆盖烟田是绿色生态防除杂草的良好方法，秸秆覆盖烟田一定注意秸秆的含氯量和秸秆种类。

我国秸秆资源非常丰富，近年来，秸秆还田发展很快。据统计，秸秆还田面积从1987年的1 400万hm^2增加到1996年的3 500多万hm^2，每年平均以10%的速度增长。全国年秸秆还田量超过1亿t，占秸秆总量的16%左右。秸秆覆盖烟田可以抑制杂草种子的萌发与生长，秸秆覆盖可分为栽前覆盖、栽时覆盖、栽后覆盖和前膜后草覆盖。

以覆盖稻草为例，栽前覆盖方法是在移栽烟苗前3 ~ 5d，即起好垄条施基肥后进行覆盖。首先把稻草切成15 ~ 20cm长，淋湿或浸湿稻草后均匀施放于垄面，覆盖厚度约为5cm，并在烟穴周围用稻草扎成与栽烟穴大小相近的草圈，围在烟穴旁边，既可增加土壤有机质，又可防止下暴雨时泥水冲入烟穴和烟叶沾泥受损。覆盖量为每亩*烟田用稻草250 ~ 350kg。盖完草后最好在稻草上再覆盖一层泥土，达到固定和防旱的作用。移栽后要在稻草上喷洒1次杀虫剂。

栽时覆盖方法是在常规方法栽烟后，施好肥料、浇足定根水，然后覆盖，覆盖厚度与栽前覆盖相同。

栽后覆盖方法是在栽烟后5 ~ 7d，即烟苗度过了还苗期，在查苗补苗、淋足提苗肥后将切碎淋湿的稻草覆盖于垄面。覆盖量与栽前覆盖相同，此时在不影响烟苗生长的情况下，可以用稻草在烟苗周围围一圈，达到保水保温的效果。

前膜后草覆盖方法是在烟株生长前期覆盖地膜，后期覆盖稻草。前膜后草覆盖主要

---

*　亩为非法定计量单位，1亩≈667m^2。——编者注

适用于移栽至团棵期气温较低、天气较干旱的地区。该方法利用了盖地膜保水提温效果优于稻草的特点，土温提升较快，水分不易散失，更有利于烟苗早生快发。在烟株移栽后30d左右，即团棵后进行揭膜施肥、培土，然后覆盖稻草，每亩覆盖稻草300～500kg，并用细土薄盖。该方法充分利用了塑料薄膜覆盖和稻草覆盖的优点，有利于烟株生长各时期提温保湿。同时，减少雨水冲刷造成的水土和肥料流失。稻草覆盖至烟叶采收完毕后部分已腐化，即可翻压还田，为下一茬作物提供养分，并可抑制杂草生长。

作物秸秆覆盖应该注意一些问题，如玉米、高粱、燕麦残株腐烂产生的咖啡酸、肉桂酸、香豆酸、没食子酸、香草醛、苯甲醛等可以抑制高粱、大豆、向日葵、烟草的正常生长（Patterson，1981）。

7. 生物防治

杂草生物防治的主要方法有：释放专化性昆虫；利用专化性致病生物（细菌、真菌、线虫等）防治；以草治草；利用鱼类、鸭、鹅等草食动物。

利用真菌防除杂草的第一个成功例证是澳大利亚利用锈菌（*Puccinia chondrillina*）防治灯心草。微生物除草剂尤其是真菌除草剂是近年来杂草生防较为活跃的研究领域。自20世纪80年代以来，美国相继开发了2种商品化的真菌除草剂Devine［棕榈疫霉（*Phytophthora palmivora*）］和Collego［盘长孢状刺盘孢合萌专化型（*Colletotrichum gloesporioules f. sp. aeschynomen*）］，分别用于防治果园中杂草莫伦藤（*Morrenia odorata*）和水稻、大豆田中杂草弗吉尼亚合萌（*Aeschynosmene virginica*）。美国最近又报道从土壤中筛选出对山羊草（*Aegilops cylindrica*）具有抑制作用的细菌。加拿大、澳大利亚、菲律宾、荷兰、英国等国家也正在开展微生物除草剂方面的研究，有的研究成果已进入商品注册阶段。该领域的研究已引导国际上许多化学工业公司纷纷转向微生物除草剂的研制（时焦 等，2007）。

我国是开展农田杂草生物防治较早的国家，20世纪60—70年代，应用炭疽菌研制的鲁保1号生物制剂防治菟丝子就曾取得过很好的效果。20世纪80年代初期，新疆研制的生防制剂F7988控制西瓜田杂草列当也获得了成功。时焦等（2006）研究了对刺儿菜具有控制作用的蓟柄锈菌。

五、展望

人类开展杂草防治的研究至今已有数千年的历史，杂草科学的发展特别是除草剂的应用引领了20世纪的农业绿色革命和农业现代化。杂草防除的方法将以生物学为核心，生物学研究引领杂草科学的发展，影响杂草防除的方式和状态，进而可能完全改变杂草防除的方法，因此开展杂草生物学方面的研究是烟田杂草科学防除的基础。

20世纪40—80年代，化学除草剂在世界农药市场的总销售额已超过杀虫剂而跃居首位，20世纪90年代至今除草剂的用量仍稳步增长。我国自20世纪80年代开始除草剂无论是种类还是应用面积发展都相当迅猛，但化学除草剂的大量开发和使用，并未解决杂草危害问题，反而导致耐药性杂草种群数量的增加、杂草对除草剂的抗性增加、环境污染加剧等问题。尽管中国烟叶公司不断完善与更新烟草农药使用推荐意见，但是每年烟叶生产中都会出现除草剂药害问题，除草剂药害不仅由烟田用药引起，也有其他作物田用药的原因，除草剂药害问题已经引起人们的高度关注。因此许多研究机构和农药公司将未来除草剂的研发目标转向生物除草剂方面（Charudattan，1991；王韧，1986）。

总之，探索新的杂草绿色生态防控措施，如植物化感物质研究与利用，生物防治研究与杂草生物学研究等是十分重要的。

1. 植物化感物质研究与利用

在农业生态系统中，任何植物都不止合成一种化感物质，许多化感物质具有一物多用的生态功能，对杂草往往也有一定作用。化感作用是植物生态系统中自然的化学调控现象，是植物适应环境的一种生态机制，化感作用并不是以毒杀为目的，而是以控制为目的，作用温和而又行之有效，防除效果持续时间长且不易产生抗药性。因此，利用化感物质来防治杂草是化感作用的应用潜力之一。目前化感作用在杂草防除中的应用主要体现在两个方面：首先直接利用化感物质防除杂草；其次将化感物质作为母体化合物开发新型除草剂（石旭旭 等，2013）。为了杂草防除的绿色环保，应该从前者开展工作。

（1）直接利用化感物质。有些植物的化感物质能够抑制杂草的生长繁殖，可应用于杂草防除，常见的利用化感物质防除杂草的方法有植物残体覆盖、轮作和间作等。

（2）利用植物残株分解产生的化感物质。植物残体覆盖大田后，经微生物分解产生的化感物质进入土壤中，对杂草的生长发育产生影响，应加强可以抑制杂草生长又不影响烟草生长的作物种类的寻找，并加以利用。

研究发现，收获时小麦、大麦、燕麦秸秆还田可有效抑制第二年杂草的生长。Putnam等研究发现，10月在蔬菜田和果园种植黑麦，春天用草甘膦将黑麦杀死，黑麦残体覆盖蔬菜田和果园可以有效地控制杂草生长。植物残体覆盖农田可有效控制杂草的危害，但植物残体覆盖对下茬作物可能会产生不良影响，应予以重视（阎飞 等，2001）。如水稻秸秆腐烂产生的羟基苯甲酸、苯乙醇酸、香豆酸、丁香酸等物质可抑制水稻幼苗生长；因此，在利用残株覆盖防治杂草时应充分考虑对下茬作物产生的影响及其程度（孔垂华，1998）。

（3）利用轮作植物释放的化感物质。具有化感作用的不同植物产生的化感物质不同，各有其特定的抑制对象，利用植物的这一特点，合理选择轮作植物可有效控制杂草。先前的研究证明，向日葵能有效地抑制马齿苋、曼陀罗、藜和裂叶牵牛等杂草的生长，而燕麦的一些品种则能抑制芸薹属杂草的顶端生长，受抑制的杂草高度只有对照的1/3。因此采用向日葵和燕麦轮作可明显减轻杂草的危害，轮作区的杂草密度显著低于单作区。冬小麦释放的化感物质可抑制白茅生长，在白茅危害严重的农田可用冬小麦和其他作物轮作来防治（石旭旭 等，2013）。今后应加强不同作物与烟草轮作对杂草的防除作用研究。

2. 生物防治研究

人类开展杂草生物防治的研究至今已有近200年的历史。自20世纪初以来，有多个国家对700多种杂草开展了生物防治方面的研究探讨（丁建清，1995）。

利用杂草病原菌防除杂草，人们往往担心杂草病原物侵染其他非目标植物，尤其是侵染经济上重要的作物。因而杂草生物防治所应用的植物病原物多为专性寄生菌，尤其是锈菌，因为其具有高度寄主专化性，也就是说锈菌的寄主范围相当狭窄，多数只侵染一种植物，并且锈菌夏孢子可随气流进行快速有效地传播，这是作为生物除草剂的良好特性。有关烟田杂草生物防治的研究很少，时焦等（2006）在开展田间杂草致病微生物种类调查和寻找杂草高致病性微生物的过程中，于山东青岛、潍坊、临沂，北京平谷，陕西西安等地的刺儿菜上发现了锈菌，之后对自然条件下锈菌的分类地位、刺儿菜的发病时间、症状、程度，以及锈菌的特性等进行了一系列观察记载与试验，发现该病菌为蓟柄锈菌，并具有作为生物除草剂应用的潜力。在未来烟草行业要开展杂草生物防治研究。

发展生物农药最基础的工作之一是发掘生防微生物的物种资源、功能基因资源、功能基因组资源及微生物代谢产物资源。相信随着科技的发展，新的绿色环保防除杂草的措施将会层出不穷。

3. 杂草生物学研究

杂草科学研究相对于作物其他领域的研究起步较晚，有关杂草的生物学研究还属薄弱学科，掌握杂草的生物学特性，如杂草的授粉途径、多实性、连续结实性、种子落粒性、传播方式、种子的长寿性、光合途径以及杂合性和可塑性等（方永生，2013），有利于今后在烟草生产中采取科学合理的方法进行田间杂草防除。

第二节　烟田常用除草剂种类及使用方法

烟田杂草是在烟田中生长繁殖，并影响到烟草生长的一类植物，凭借自身特有的竞争能力与烟草争夺水分、光照、养分、生长空间，并且以其克生作用等抑制烟草的生长发育。据统计，一年生杂草的混杂度为100～200株/m^{2}时，可吸氮60～150kg/hm^2，同时部分杂草还是一些病虫害的中间媒介和寄主，诱发病虫害并蔓延，干扰烟草正常的生理机能，甚至影响到后期烟叶的产量和品质，还妨碍烟田施肥、采收等农事操作，增加生产成本。烟田杂草种类繁多，其中，以一年生杂草生长数量最多、危害最为严重。烟田杂草的治理已成为整个烟田管理的重要组成部分。长期以来人们不断探索各种有效防控烟田杂草的途径，其中，化学除草是重要技术措施之一。烟田化学除草是依据烟草和杂草的生长特点与规律，以化学除草剂的类型和对不同种类植物差异化作用为原理的杂草防除方法，其具有减轻劳动强度、降低生产成本、简便易行、收效突出等特点。

一、烟田常用除草剂的种类

目前，用于防除烟田杂草的除草剂主要有砜嘧磺隆、敌草胺、精异丙甲草胺、仲灵·异噁松、二甲戊灵、磺草灵、双苯酰草胺、甲草胺、高效氟吡甲禾灵、吡氟禾草灵和精噁唑禾草灵等。

砜嘧磺隆，英文名称为rimsulfuron，是磺酰脲类除草剂，可被杂草茎叶及根部吸收，迅速在植物体内传导并抑制支链氨基酸缬氨酸及异亮氨酸的合成，阻止细胞分裂，杀死杂草。在杂草2～4叶期用砜嘧磺隆推荐用量加防护罩定向喷雾处理，可防除一年生或多年生禾本科及阔叶杂草。该除草剂要特别注意在杂草幼苗期施用，对成株杂草的除草效果不明显。虽然该除草剂对烟草的伤害作用比较小，但仍需注意，不要将药液喷洒到烟草上。

敌草胺，英文名称为napropamide，为酰胺类除草剂，选择性芽前土壤处理剂，可被杂草根和芽鞘吸收，抑制细胞分裂和蛋白质合成，使根生长受影响，心叶卷曲，最后死亡，可杀死萌芽期杂草。在烟草移栽前5～7d或移栽后当日，每亩用50%敌草胺可湿性粉剂130～260g，加水50kg配成药液，均匀喷于全田土表，然后将表土混于5cm的浅土层中，施药后久旱无雨，则需灌水，以促使杂草萌发，提高防效。可防除稗、马唐、狗尾草、野燕麦、千金子、看麦娘、早熟禾、雀稗等一年生禾本科杂草，也能防除部分双子叶杂草，如藜、猪殃殃、繁缕、马齿苋等。

精异丙甲草胺，英文名称为metolachlor，为酰胺类除草剂，属于选择性芽前除草剂，被萌发杂草的芽鞘、幼芽吸收而发挥杀草作用。烟苗移栽前1～2d，杂草种子萌发前，每亩用96%精异丙甲草胺乳油45～60mL，加水50kg配成药液，进行土壤表面喷雾处理，或于盖膜前均匀喷于土表，打孔移栽。该药安全性好，持效期40～60d，活性高，杀草谱广，对禾本科杂草防效可达90%左右，对烟苗安全。

仲灵·异噁松，英文名称为butralin·clomazone，是由仲丁灵与异噁松复配的混剂，可被杂草根部或幼芽吸收，然后在杂草植株中向上传导，从而阻碍胡萝卜素和叶绿素的生物合成，使杂草在短期内死亡。仲丁灵进入植物体内，抑制杂草的幼根生长，导致杂草死亡。施好基肥整好烟地后，在烟苗移栽前，每亩用40%的仲灵·异噁松乳油150～200g，加水50kg配成药液，均匀喷于烟田土表，覆膜移栽烟田喷药后3d盖膜待栽，膜下小苗移栽烟田喷药后3d方可移栽，栽后可立即盖膜。除草谱广，可同时防除禾本科杂草和阔叶杂草，对烟草安全，持效期较长。

二甲戊灵，英文名称为pendimethalin，属苯胺类除草剂，为选择性芽前、芽后旱田土壤处理除草剂。该药剂被杂草正在萌发的幼芽吸收，进入植物体内与微管蛋白结合，抑制植物细胞的有丝分裂，从而造成杂草死亡。每亩用450g/L二甲戊灵微囊悬浮剂140～150mL，于烟苗移栽前土表喷雾，可防除一年生禾本科杂草、部分阔叶杂草和莎草。如稗、马唐、狗尾草、千金子、牛筋草、马齿苋、苋、藜、苘麻、龙葵、碎米莎草、异型莎草等。对禾本科杂草的防除效果优于阔叶杂草，对多年生杂草防效差。

磺草灵，英文名称为asulam，为内吸传导型氨磺酰类除草剂，可被植物茎、叶和根部吸收，茎、叶吸收后能传导至地下根茎的生长点，并使地下根茎呼吸受抑制，丧失繁殖能力，阻碍细胞分裂而使植株枯死。移栽前或移栽后、杂草刚出土时，每亩用40%磺草灵水剂400～500mL，加水50kg配成药液，均匀喷于土表。若在移栽后喷洒，要防止把药液喷洒到烟苗上，以免产生药害。

双苯酰草胺，英文名称为diphenamide，为选择性芽前土壤处理除草剂，主要被杂草根系吸收，抑制分生组织的细胞分裂，阻止幼芽和次生根形成，使杂草死亡。在烟草移栽前5～7d或移栽后当日，每亩用90%双苯酰草胺可湿性粉剂300～400g，加水50kg配成药液，均匀喷于全田土表。

甲草胺，英文名称为alachlor，是一种选择性芽前除草剂，主要被杂草的芽鞘吸收，根部和种子也可少量吸收。主要杀死出苗前土壤中萌发的杂草，对已出土杂草无效。能被土壤团粒吸附，不易淋失，也不易挥发，但可被土壤微生物分解。有效期为35d左右。烟苗移栽后5～7d，每亩用48%甲草胺乳油500mL，加水50kg配成药液，均匀喷于土表。在施药时要防止把药液喷洒到烟苗上，以免产生药害。

高效氟吡甲禾灵，英文名称为haloxyfop-P-methyl，商品名称为盖草能。施药后能很快被禾本科杂草的叶片吸收，并传导至整个植株，抑制植物分生组织生长，从而杀灭杂草。在一年生禾本科杂草3～6叶期，烟苗移栽后15～30d，每亩用10.8%高效氟吡甲禾灵乳油50mL，加水40～50kg配成药液，均匀喷于杂草茎叶上，对禾本科杂草防效可达95%以上。

吡氟禾草灵，英文名称为fluazifop。主要被杂草茎叶吸收，在植株体内传导，根也可以吸收传导。一般施药后48h可出现中毒症状，但彻底杀死杂草则需15d。每亩用15%吡氟禾草灵乳油50～75mL，加水40L，在烟苗出土后，杂草2～4叶期对茎叶喷雾，对禾本科杂草防效在95%以上，但对阔叶杂草防效差。

精噁唑禾草灵，英文名称为fenoxaprop-P-ethyl，属杂环氧基苯氧基丙酸类除草剂，主要是通过抑制脂肪酸合成的关键酶——乙酰辅酶A羧化酶，从而抑制脂肪酸的合成。药剂被茎叶吸收传导至分生组织及根的生长点，作用迅速，施药后2～3d停止生长，5～6d心叶失绿变紫色，分生组织变褐色，叶片逐渐枯死，是选择性极强的茎叶处理剂。在一年生禾本科杂草2叶期，每亩用6.9%精噁唑禾草灵水乳剂50～60mL，加水30kg配成药液，均匀喷于杂草茎叶上，对禾本科杂草防效可达95%以上。

二、烟田除草剂使用技术要求及注意事项

化学除草具有省工、省力、快速和高效等特点，近年来烟草生产上化学除草剂的使用越来越普遍。如果对除草剂的使用操作不当，将会影响烟株的正常生长及产量和品质，而且一些除草剂的残留还容易造成药害。使用除草剂的目的是防除烟田杂草，在不产生药害的前提下保证烟草的安全生长。因此，根据杂草状况、除草剂种类、施药工具及环境条件，采用不同的施药方法，掌握安全、高效使用除草剂的技术要点，合理选择、正确使用，才能达到安全、高效防除烟田杂草的目的。其技术要求及注意事项主要有以下几点。

1. 选择适宜的药剂

不同烟区要根据当地烟田杂草种类、土壤类型选择适当的除草剂种类，根据烟草行业推荐使用的除草剂品种、生产厂家、使用剂量、使用时期及施用方法等进行统一采购施用。

2. 正确配制药液

配制除草剂时，应使用二次稀释法，具体做法是先将除草剂制剂溶解在少量的水中，

制成母液，再将配好的母液按每亩用量，倒入装有半桶水的喷雾器中，充分搅拌，再加入清水至水位线，再次搅拌。

3. 适当调整用药量

除草剂用药量大小影响除草效果和用药安全，一般应参考药剂使用说明，但用药量也因气候环境条件而异，所以要因时因地灵活掌握，根据不同情况适当调整药量。要做到"四看"，即看苗情、看草情、看天气、看土质，灵活掌握施药时期、施药量和施药方法。看苗情，即根据苗情决定是否用药，如未扎根的烟苗及瘦弱苗不宜施药，否则将产生药害。看草情，即对杂草调查清楚，根据主要杂草种类及杂草的萌发、生长情况、茂盛程度等，选适宜的除草剂品种，达到除草效果，并对烟草不产生药害。看天气，即在高温、高湿或大风天气不宜喷施除草剂，宜选择20～30℃晴朗无风的天气施药，如果在有风时喷施，应防止药液随风飘移，伤害附近的敏感作物，此外温度对除草剂的活性和农作物吸收药剂的能力也有一定的影响。在阴天、气温较低时，施药量是用药量的上限，晴天、气温较高时，施药量是用药量的下限。看土质，即土质不同用药量有差异，在黏重土壤用药量多些，沙质土壤用药量少些，土壤干燥不宜用药，等雨后或人工补墒后再用药。

4. 均匀喷雾

要达到均匀喷雾的目的，必须掌握好三个"一致"：一是压力一致，即用手压喷雾器杆的力道要一致；二是行走一致，即行走的速度要一致，喷头雾滴要均匀，不重喷或者漏喷；三是平行摆动要一致，施用茎叶处理除草剂时，叶面及叶背都应喷到，以不往下滴为宜。

5. 考虑对后茬作物的影响

施用除草剂时需考虑对后茬作物的影响，应选择对下茬作物无影响的除草剂种类，使用安全剂量并过了适宜间隔期后施用。如敌草胺在土壤中的残留期较长，应在烟苗移栽前后使用，否则会对下茬作物如水稻、玉米、高粱等禾本科作物产生药害。

6. 保证施药安全性

施药时喷雾方向应顺风或与风向呈斜角，背风喷药时要退步移动，严禁把药喷在烟株上或附近农作物上，以免产生药害。喷施除草剂的喷雾器应专用，若达不到专用条件，在喷施其他药剂前，一定要彻底清洗干净，以防止对作物产生药害。

第三节　烟田杂草防除技术

烟田杂草防除是整个烟草生产技术与植保技术的重要内容，自人类开始从事农业生产到18世纪末的漫长耕作历程中，农田除草基本上都是靠人力或利用简单的农具。直到19世纪初，一些发达国家或地区才开始采用机械动力牵引的除草机械。20世纪40年代，化学除草剂2，4-滴（我国现已禁用）的研制成功，使人类进入了运用化学除草剂在田间进行选择性除草的新时期。归纳总结，烟田杂草的防除措施主要有农业防除、物理防除、化学防除等。

一、农业防除

烟田杂草的农业防除是指利用烟田耕作、栽培技术和田间管理等手段控制和减少烟田土壤中杂草种子基数，抑制杂草的出苗和生长，减轻杂草危害。农业防除是烟田杂草防除中最基本也是最重要的方法，对烟叶和烟田环境安全，无任何农残污染，易操作，效果好。

1.加强植物检疫

植物检疫是烟田杂草防除最基本的措施之一，是杜绝外来恶性杂草随种子或苗木的调运传入烟田的重要防除措施。

2.作物轮作

作物轮作是综合除草体系中的重要环节之一，如水旱轮作可有效防除水田和旱地杂草。

3.施用腐熟的有机肥

烟农施用的堆肥、圈肥等有机肥源，常混有大量的杂草种子，且保持着相当高的发芽力。如不经高温腐熟而施入烟田，就会增加田间杂草的发生量。因此，堆肥和圈肥必须高温腐熟，腐熟的有机肥不仅可以减轻杂草的发生，而且还能提高土壤肥力。

4.中耕

中耕是烟草生长期间的重要除草措施，可以防除已出苗的杂草，还可以挫伤杂草的地下繁殖器官，减轻草害，中耕要早、勤。在烟草旺长期之前和雨季到来之前，连续进行 2 ～ 3 次中耕是防除杂草的关键。

二、物理防除

物理防除方法主要是在烟垄上覆盖有色薄膜、无色薄膜、除草膜等，控制杂草生长，达到除草目的。覆膜的烟田杂草危害明显轻于未覆膜烟田。覆膜处理烟株长势快，与裸栽相比，团棵期、现蕾期提早，团棵期提早了 3 ～ 4d，现蕾期提早了 5 ～ 6d。在不同覆膜处理中，配色膜覆盖的团棵期、现蕾期比其他覆膜处理提早了 1d。移栽后 30d，地膜覆盖处理的烟株株高、茎围、叶面积均明显大于不覆膜处理，60d 后差异逐渐缩小，配色膜覆盖处理与其他地膜覆盖处理差异则不明显。

覆盖无色地膜，有利于保湿增温，能抑制部分烟田杂草的生长。无色膜对双子叶杂草防效较好，对单子叶杂草防效较差。覆盖配色膜栽培控制烟田杂草效果最佳，且能显著提高烟叶产量及质量，使烟叶内在品质更加协调，同时节省劳动力。研究表明，地膜覆盖以黑色膜为最好，杂草数量和鲜重减少明显，而且能提高土壤温度。

配色膜覆盖技术要点：移栽前土壤湿度较适宜时整烟畦，开 16cm 深的条沟，施入条沟肥，然后重新整好烟畦。整畦一定要规范，垄高达 30cm，要求土块细碎，垄体饱满，畦面平直。配色膜覆盖时要拉紧，让膜紧贴畦面，膜角要用土压严实。

配色膜覆盖的烟田畦面杂草基本得到控制，但畦间烟沟及压土块杂草生长仍然旺盛，可在烟苗移栽后，杂草出苗前每亩用 50% 敌草胺可湿性粉剂 140g，对水 50kg，或 60% 丁草胺乳油 100 ～ 125mL，对水 50kg，均匀喷施于烟沟及压膜土块上，注意不要喷到烟苗。

覆盖除草膜防除烟田杂草。除草膜是在生产地膜时将一些除草剂如精异丙甲草胺等加入到地膜中，使地膜除了具备物理防治作用以外，还能通过除草剂杀灭烟田杂草，对控制烟田多种杂草具有良好的效果。

三、化学防除

烟田杂草的化学防除参见本章第二节。

第四节　烟田除草剂药害及其预防

20世纪40年代，2，4-滴的出现大大促进了除草剂有机合成工业的迅速发展。在美国及欧洲等地，除草剂在农药种类中占主导地位。中国自1956年使用除草剂以来，除草剂的加工、销售及应用得到了长足发展。烟草是世界性的重要经济作物，除草剂的应用极大地减轻了烟农的劳动强度，提高了烟草生产水平，促进了烟草增产。但除草剂不同于杀虫剂、杀菌剂，使用剂量、使用时期等要求比较严格，一旦使用不当，就会产生药害，而烟草又是对除草剂比较敏感的一类作物，烟叶生产受到除草剂药害的现象时有发生，给烟叶生产带来较大影响。尤其是近年来，烟稻轮作模式的普及，前茬水稻田残留除草剂对烟草的影响很大。

一、烟草除草剂药害症状

烟草除草剂药害是指因使用农药方法不当，技术要求控制不严，不但没能收到除草的效果，还引起烟草不正常的生长发育或生理症状，如叶片变黄、出现严重叶斑、凋萎、灼伤、矮化、生长缓慢、畸形乃至枯萎或烟株死亡等。除草剂药害对烟叶造成的损失大，轻者植株生长受抑制或畸形，严重影响产量，重者绝产绝收。除草剂的品种较多，其理化特性、作用部位和原理也有较大差异，不同除草剂对烟叶产生药害的程度和症状也不相同。

1.磺酰脲类除草剂药害症状

磺酰脲类除草剂具有高效、低毒、低残留等特点，已经成为当前使用量最大的一类除草剂。随着该类除草剂在农业生产中的广泛使用，其残留药害问题已引起关注。烟草受磺酰脲类除草剂药害后生长缓慢、植株矮化、心叶发黄、叶色黄化或出现紫色，新生叶片卷缩，有时叶片发黄或出现半透明条纹；烟草根系发育严重受阻，根老化，根尖坏死，侧根与主根短，根量减少，无根毛。一般受害后3～5d开始出现药害症状，若药害持续时间较长可导致烟株死亡。

2.酰胺类除草剂药害症状

酰胺类除草剂是目前生产中应用较为广泛的一类除草剂，但是这类除草剂对作物存在着隐性药害。酰胺类除草剂使用不当，烟草幼叶不能展开，叶皱缩、粗糙，叶尖到叶缘褪绿卷曲，烟株明显矮化，节距变小，生长受阻，部分药害随着生长可能消失。浓度过高时使烟草叶片畸形、发焦枯萎，有时茎叶干枯死亡，导致生育进程缓慢。在烟草敏感期施用即会使烟株中毒死亡。

3. 苯氧羧酸类和苯甲酸类除草剂药害症状

苯氧羧酸类和苯甲酸类除草剂是目前重要的除草剂。这类除草剂对作物的安全性受环境条件、作物生育期的影响较大，应用不当可能会产生较重的药害。烟草等阔叶作物对该类药剂敏感，误用或飘移到烟田，受害症状为叶脉特别是中脉突起，叶片伸长、下垂或呈带状、僵直、暗绿，叶尖和叶缘常呈锯齿状，茎与叶柄弯曲，叶缘与叶尖向下卷缩呈蛇头状，严重时叶缘向下卷缩呈杯状，茎上产生不定根。通常，幼龄叶片所受影响比老龄叶片严重。

4. 有机磷类除草剂药害症状

有机磷类除草剂（如草甘膦）属广谱、低毒、灭生性内吸传导型除草剂。若在烟草上误用，5～7d产生药害，首先在新生叶片上出现症状，叶片变成浅黄色，从叶片的基部到尖部叶色从绿色渐变为浅黄色或白色；新长出的叶片狭窄，且叶缘下卷；成熟叶片上的症状表现为脉间变黄色或褐色，叶片的其他部分正常。坏死部分脱落后在叶片上形成弹孔形，叶脉周围常常为绿色，而脉间则变为黄色。

5. 喹啉羧酸类除草剂药害症状

喹啉羧酸类除草剂（如二氯喹啉酸）引起的药害最为严重，已引起许多学者关注。二氯喹啉酸对烟草的致畸性最大，主要发生在烟稻轮作地区，且呈整田发生；移栽烟苗首先在新叶上出现畸形，叶片变窄变厚，不能伸展，叶宽抑制率在60%以上，叶片边缘向叶背面内卷皱缩，严重时出现线状叶型，基部老叶叶型基本正常；畸形程度均匀一致，同一田块基本无差异，不同田块有差异；如烟田休闲1年后，再种植烟草，畸形症状有所减轻。该药剂对烟草种子的发芽势、发芽率及活力有严重影响，造成烟苗根短、茎长、鲜重轻，根系和幼嫩叶片明显受到抑制。

二、烟草除草剂药害产生原因

除草剂造成烟草药害的原因很多，既有使用方面和环境方面的因素，也有除草剂本身的因素，概括起来主要有如下几种原因。

1. 除草剂应用方面

（1）过量施药。一方面，烟农配药时往往不称量，凭经验加药，很容易用药过量；另一方面，由于逐年使用除草剂，一些杂草产生抗药性，为了消除杂草，农民一般擅自加大施药剂量。然而农药尤其是除草剂的用量比较严格，每种农药都有规定的用量，若用量过多、浓度过大，就可能产生药害。

（2）混用不当。一些烟农为了省时、省事，盲目混用，同时施用两种或两种以上药剂，农药间相互作用，发生物理、化学变化引起增毒作用，使烟草产生药害。

（3）施药时间不当。烟草不同生育期对除草剂敏感性有差异，一般在烟草的幼苗期、开花期等生育阶段和细嫩组织部位比较敏感、耐药力差，容易发生药害。

（4）施药方法不当。一些烟农施药不均匀或重复施药。有些烟农将非茎叶处理除草剂对茎叶处理而产生药害。

（5）误用除草剂。商品名称、包装、剂型、颜色类似的药剂误用于烟草上。在生产中错把除草剂当成杀虫剂、杀菌剂等农药使用，导致烟株产生药害。

(6) 药剂飘移和挥发。临近地施药飘移到烟田产生药害。有些药剂飘移距离可长达10km。

(7) 土壤残留。使用长残效除草剂如西玛津、莠去津、绿麦隆、二氯喹啉酸、异噁草酮、咪唑乙烟酸等，用药量偏高对后茬敏感作物造成危害。

(8) 喷雾器清洗不净。对存放除草剂的工具没有及时清洗干净就存放其他农药，可能对烟草造成药害。如喷过2甲4氯后，清洗不净就易造成烟草药害。

2. 环境条件

环境条件不同作物对除草剂的敏感性不同。喷药时气候条件异常，如遇高温或低温等恶劣气候条件易产生药害。多数除草剂随土壤或植物含水量的增加而药效提高，施药后雨量过大会造成除草剂淋溶下渗，产生药害。在有机质含量低的沙质土壤、碱性土壤，除草剂淋溶性和移动性大，易被烟株根部吸收而造成药害。

3. 除草剂质量

原药中有害杂质超标或制剂中意外地混入了有害物质，或在某一除草剂中混入另一种对烟草敏感的除草剂。随时间变化有效成分分解或转化为有害物质。制剂组分设计不合理，有的农药可湿性粉剂加工质量不好，粉粒粗或者湿润质量差，悬浮性能不好，加水后容易产生沉淀，搅拌后也容易快速发生沉淀，沉积在喷雾器底部，使喷雾不均匀，从而造成药害。

三、烟草除草剂药害预防措施

对于除草剂药害要以预防为主，通过选择合理的种植区域，加强烟草农药采购和使用的管理，加强农药安全使用技术培训，正确掌握除草剂的使用技术，慎用对烟草敏感的除草剂品种等措施，减轻和避免除草剂药害。

1. 正确选用除草剂

严格控制烟草上农药品种，尤其是对除草剂和植物生长调节剂的使用监控。必须严格按照中国烟叶公司每年发布的烟草农药使用推荐意见指导烟农正确使用农药，要加强对技术人员和烟农的培训，推广烟草农药安全合理使用技术，避免出现药害。坚决杜绝使用烟草行业规定的禁止在烟草上使用的农药品种（或化合物）。同时要购买正规农资公司生产的防除对象是烟田杂草的合格除草剂。

2. 科学合理使用除草剂

施药前要认真阅读标签和使用说明书，做好施药前的准备工作，严格按照标签的有关规定认真操作。注意农药使用时期和方法，避免在烟草敏感期使用。在异常气候条件下不要施用除草剂，施药前一定要注意天气变化，如遇高温、大风、大雨天气，不可施用。严格掌握除草剂的用量和浓度，适时、适量、均匀施用，提高施药质量。土壤处理除草剂若在移栽后喷洒，在施药时要防止把药液喷溅到烟苗上，以免产生药害。选择喷雾均匀的喷雾器具，注意不重喷、漏喷。施用除草剂后，要及时将喷雾器具仔细清洗干净。

3.注意防止农药飘移和前茬残留

烟草大田期，要严格注意上风区和临近地块除草剂使用，尤其是在上风区和临近地块使用任何防治阔叶杂草除草剂、触杀性除草剂，大风天喷施除草剂时应特别小心。

烟苗移栽前，要详细了解前茬作物使用的除草剂品种情况，如使用过二氯喹啉酸、咪唑乙烟酸、氯嘧磺隆、异噁草酮、莠去津等长残效除草剂，要对该除草剂进行仔细分析，从施药到移栽的时间超过除草剂安全间隔期以后方可种烟，同时还要注意不能用施过上述除草剂的田块土壤作为育苗土。特别是烟稻轮作区，使用过二氯喹啉酸的地块1年内不能种烟。

四、烟草除草剂药害补救措施

使用除草剂后，要认真观察烟草的长势，当烟草生长出现异常时，要迅速确定是烟草病害还是除草剂药害，如果是除草剂药害，要分析药害的程度，当药害严重时，采用改种其他作物或补种；如果药害症状一般，或者在烟草生产上在可以承受的范围内，可以考虑采用以下措施进行补救：①对于触杀型除草剂产生的药害，通过追肥等恢复烟株的生长；②用于土壤处理的除草剂药害，可通过灌水、排水、松土等措施，加速除草剂的降解，减少残存的除草剂；③对于激素型除草剂造成的药害，使用草木灰、石灰、活性炭等可在一定程度上缓解药害，合理使用赤霉素等植物生长调节剂也可在一定程度上缓解除草剂药害。

第五节　玉米田除草剂飘移对烟草的药害研究

化学除草剂自20世纪80年代以来在农业生产上的用量逐年加大（叶少锋，2012），因其高效、方便、经济等特点在农林业中快速发展，并逐渐成为农药市场上销量最大的一类农药。施用化学除草剂是实现农业现代化必不可少的一项先进技术，现已成为农业高产、稳产的重要保障（徐汉虹，2007）。尽管生物农药、转基因作物的诞生对化学除草剂有一定的冲击，但使用化学除草剂除草仍是最重要的杂草防除措施（刘远雄 等，2007），农民对化学除草剂的依赖性也越来越强。然而，除草剂的应用虽然简单易行，但使用不当容易造成药害，近年来除草剂药害问题已得到人们的广泛关注。除草剂药害不仅发生在用药田的作物上，因除草剂的飘移对邻近作物也可造成药害（刘秀娟 等，2005；Johnson et al.，2006）。有人认为只要喷洒除草剂就会发生某种程度的长距离飘移，如常用玉米田除草剂2，4-滴丁酯会顺风飘移达几千米（项盛 等，2015）。孙凯（2012）报道玉米田除草剂飘移可严重抑制菜豆植株的正常生长。烟田也发现玉米田除草剂飘移药害问题，有的烟区玉米田除草剂飘移已严重影响了优质烟叶生产（陈荣华 等，2008；隆晓，2012）。因为玉米是旱作烟区烟草常用的轮作作物，在我国广大旱作烟区，玉米和烟草隔年轮作普遍，而常常出现相邻地块当季相间种植，玉米田间除草剂的使用，经常使相邻烟田烟株严重受害。

一、产生除草剂飘移与药害发生的原因

在我国多数烟区，除草剂使用较为普遍。不合理的施用除草剂、除草剂产品的质量问题、环境因素及除草剂自身的性质都会引起除草剂飘移与药害的发生。

1. 不合理的施用除草剂

除草剂的防治对象是杂草，而杂草与作物同为植物，因此与杀虫剂和杀菌剂相比，除草剂在农业生产中对使用技术要求更高，使用时稍有不慎就会对农作物产生药害，带来经济损失和环境污染问题。在我国当前条件下，由于农业从业者的技术水平普遍不高，除草剂技术性药害的发生较为普遍。其中主要包括以下几个方面：

（1）选用除草剂不当。选用的除草剂超出适用的作物范围，将除草剂施到比较敏感的作物上就会发生药害（刘亦学 等，2005）。

（2）施药器械使用不规范。使用同一套喷雾器喷施各类农药，而且喷雾器简陋，存在喷嘴漏液、喷布不均、重喷、漏喷等现象，造成局部药量过多引起药害（张朝贤 等，1998）。

（3）除草剂盲目混用。不按施药规则混用除草剂，容易降低药剂的稳定性，发生化学反应，造成飘移药害（胡坚，2007）。

（4）增加施药量。每种除草剂都有一定的用量范围，在此范围内对作物安全，超过此范围便容易产生药害，也扩大了除草剂飘移药量，在作物苗期药害更加严重。

（5）施药时期不合适。不同生育期的作物对于除草剂的抗药性不同，除草剂对作物安全性和选择性也有一定的适期（王险峰 等，2015）。

2. 除草剂质量问题

我国除草剂生产厂家多，生产的产品良莠不齐，在市场上存在一些未经登记、过期、标签不清等问题的不合格除草剂。不慎施用该种除草剂轻则达不到好的除草效果，重则会发生作物药害（罗金香 等，2014）。

3. 环境因素

环境因素是引发除草剂飘移的重要因素，直接影响除草剂飘移范围及造成危害的程度。特别是对于一些本身飘移性不强的除草剂，环境因素是造成这类药剂发生飘移的决定性条件（苏少泉 等，1996）。在常规条件下喷此类除草剂一般不会飘移到邻近作物上，但在有风的天气条件下极容易随风飘移到邻近田块的作物上，使其受害，而且这种情况下造成的药害往往是无法逆转和弥补的，造成的损失较大（宋润刚 等，2010）。而对于一些易于发生飘移或挥发的除草剂，在有风的情况下，便会飘移较远的距离。

4. 除草剂性质

有些除草剂本身的性质决定其飘移性。飘移性较强的除草剂在规定农作物上施用时，极易飘移到邻近田块的作物上，产生飘移药害。且这种除草剂挥发性强，容易产生二次飘移药害。所谓二次飘移是指喷洒到作物对象田的药剂，在喷药作业后的几天内自行挥发成气态向下风向飘移。二次飘移的方向可能和喷雾当时飘移方向不一致，主要取决于该时段的风向。二次性飘移无法防范，但危害程度一般比第一次飘移轻（傅桂平 等，2006）。

二、缓解除草剂飘移药害研究

1. 除草剂飘移药害预防

除草剂是当前世界农业中用量最大的农药，更是最危险的农业生产资料之一（孙明海 等，2006）。因此在使用除草剂时，应对其有充分的认识和了解，以便更好地发挥其应有的除草功效，预防和避免其对作物产生药害。具体措施如下。

（1）施药人员专业培训。目前我国的经济发展迅猛，在农田化学除草剂领域尤为突出，除草剂新品种、新剂型不断涌向市场，这对除草剂的直接使用者和除草剂销售者来讲，都需要学习新的知识，接受科学用药技术培训，提高其用药与施药水平（段新华 等，2011）。一方面，要加强对除草剂销售人员的培训，使之能够在销售除草剂时向除草剂使用者传达正确的信息（王兆振 等，2013），并能正确指导用药，保证除草剂的合理选择与使用。另一方面，当地农业技术部门也要加强对使用者的培训，不仅让他们了解所使用的除草剂本身的性能特点，还要教会他们结合当地的气候、土壤等自然条件使用除草剂，能够根据这些基本的气象条件、农田生态条件、苗情、草相及轮作方式，选择合适的施药时间、准确的用药量、正确的喷雾处理方式等，而且鼓励使用者到有经营许可证的合法经销部门选购正规的除草剂产品，避免使用劣质除草剂（林长福 等，2002）。

（2）改进施药器械。我国农田化学除草已经进入了快速发展阶段，但除草剂喷施器械却相对滞后（黄振刚 等，2008）。现阶段应严格按照操作规程，淘汰现有的性能差的老式手动喷雾器，引进性能良好、高效、成本低的新型喷雾器。加强施药器械及施药技术的研究，应重点研究喷雾机械、喷头特性、雾滴大小等与药效及药剂飘移的关系，提高除草剂对"靶标"杂草的防效，防止或减轻除草剂的飘移药害（方江升 等，2001）。也有研究报道，可以通过使用探测式喷雾器对靶喷雾，使药液只喷洒在"靶标"杂草表面。用飞机或灌溉设施施药，应保证与非使用对象保持安全距离。

（3）加强监管，提高除草剂质量。我国发生的几起重大除草剂药害，多与除草剂产品质量有关（胡金宏，2004），因此要从源头杜绝除草剂的不安全因素，保证农民能够选择优质除草剂。除草剂生产企业自身要严把生产关和销售渠道，除草剂剂型、有效成分含量等要与产品标签相一致，禁用含有害成分的添加剂及辅料，其销售的产品一定要取得"三证"（农药登记证号、农药生产许可证号、产品质量标准号）。除此以外，农药管理部门要加强对除草剂产品的监管，对除草剂生产企业要严格执行国家标准，对假冒伪劣产品实行严打，保证除草剂市场的正常经营秩序。

2. 除草剂飘移药害补救

对除草剂药害的救治关键在于早发现、早处置。首先要确认是否是除草剂造成的药害，在确定为除草剂药害后，应由除草剂直接使用者详细提供施药时间、施药种类、施药剂量、施药方法和施药时的环境条件，根据所收集的资料，整理分析发生药害的原因，及时有针对性地采取补救措施，以最大限度地减少损失（王彩芬 等，2005）。一般情况下，如果作物的药害发生十分严重，估计最终产量损失在60%以上，甚至绝产的地块，应立即补种或改种其他适合的作物，以免延误农时，导致更大的损失（李金才，2010）；而对于药害较轻的地块，则可有针对性地采取补救措施。补救措施只是能在一定程度上缓解症状、减少损失，很难恢复到受害以前的作物生长状态。从我国对发生的除草剂药害救治经验来看，比较有效的有以下措施。

（1）喷水淋洗。这类措施一般是针对由叶面和植株喷洒某种除草剂而发生的药害（李香菊 等，2007）。在发现此类药害后应及时、迅速用大量清水喷洗受药害的作物叶面，反复喷洒清水2～3次，尽量把植株表面上的药物冲刷掉（金环宇 等，2008）。在受害叶面喷施大量清水，一方面是为了冲刷药物，另一方面使作物吸收较多水分，对作物体内的药剂浓度能起到一定的稀释作用，减轻药害的作用。

（2）使用叶面肥及植物生长调节剂。有研究证实，可在发生药害的农作物上施尿素等速效肥料增加养分，或喷施含有腐殖酸、黄腐酸的叶面肥，或者喷施植物生长调节剂如赤霉素、芸苔素内酯、复硝酚钠、生根粉等，可缓解乙草胺、莠去津等除草剂产生的药害。

（3）应用除草剂保护剂。除草剂保护剂的应用为药害补救提供了一条新途径。保护剂能增加作物对除草剂的耐性，提高除草剂的选择性及扩大除草剂的使用范围，可以在一定程度上保护作物免受除草剂的伤害（程新胜 等，2004）。最近几年保护剂发展出多种类型，可解除不同类型除草剂对作物的药害。保护剂对硫代氨基甲酸酯类、卤代乙酰胺类和均三氮苯类除草剂解毒作用明显。其中已经证明萘二甲酸酐（NA）能保护几种作物免受二十几种除草剂的伤害（段敬杰，2003）。

（4）去除药害较严重的部位。这种措施一般用在果树药害上（付志坤，2009），对于受害较重的树枝，迅速去除，并迅速灌水淋洗其余受害较轻部位，以免药剂继续传导和渗透。

（5）加强田间管理。对发生药害的地块，要格外重视田间管理，增施一些氮肥如尿素等（高玉红 等，2011），保持良好的土壤墒情，提高作物自身抵抗能力，争取尽早缓苗，逐步解除药害对作物的影响。

三、玉米田除草剂使用概况

1. 玉米田除草剂应用现状

玉米是我国主要的粮食作物之一，为保证玉米田的优质高产，化学除草剂的使用就显得尤为重要（刘士阳，2011）。据报道，近年来除草剂药害涉及作物及发生面积逐渐增加，给农业生产造成巨大的损失，已经成为影响除草剂应用的重要原因（李灼，2013）。每年进入6月以后，封闭除草剂大面积集中使用，致使除草剂在空气中到处弥漫，不仅危害玉米的生长，邻近作物也可能受害。

2. 玉米田常用除草剂简介

我国玉米田除草剂以防除禾本科杂草和阔叶杂草为主，据国内玉米田除草剂登记情况统计，除草剂占玉米田上登记农药的73%，其中登记数量较多的单剂品种主要有莠去津、氯氟吡氧乙酸、苯磺隆、炔草酯、硝磺草酮、2甲4氯钠。

（1）2，4-滴丁酯。英文名为2，4-D butyl ester，化学名称为2，4-二氯苯氧基乙酸正丁基酯，属于激素类药剂，可对植物产生与吲哚乙酸相似的生理反应，它具有挥发性强、药效发挥快的特点，主要防除小麦、玉米、谷子、水稻等作物田中阔叶杂草、莎草及某些恶性杂草。国内现已禁用。

（2）莠去津又名阿特拉津。英文名为atrazine，化学名称为2-氯-4-乙氨基-6-异丙氨基-1，3，5-三嗪，是一种抑制杂草光合作用，从而使杂草枯死的内吸传导型除草剂。莠去津杀草谱较广，可防除多种一年生禾本科杂草和阔叶杂草，主要适用于玉米、高粱等旱田作物。

（3）氯氟吡氧乙酸又名氟草定。英文名为fluroxypyr，化学名称为4-氨基-3，5-二氯-6-氟-2-吡啶氧乙酸，是一种有机杂环类选择性内吸传导型苗后除草剂，使敏感植物出现典型激素类除草剂的反应，植株畸形、扭曲，最终枯死。适用于防除小麦、大麦、玉米等禾本科作物田中的各种阔叶杂草。

（4）苯磺隆又名巨星、阔叶净。英文名为tribenuron-methyl，化学名称为2-［4-甲氧基-6-甲基-1，3，5-三嗪-2-基（甲基）氨基甲酰基氨基磺酰基］苯甲酸甲酯。苯磺隆属于磺酰脲类的一种选择性内吸传导型除草剂（杜慧玲 等，2010），可被杂草的根、叶吸收，并在植株体内传导，通过抑制乙酰乳酸合成酶的活性杀死杂草。主要用于小麦田、玉米田防除各种一年生阔叶杂草。

（5）炔草酯又名炔草酸酯。英文名为clodinafop-propargyl，化学名称为（R）-2-［4-(5-氯-3-氟-2-吡啶氧基）苯氧基］丙酸炔丙基酯，属芳氧苯氧丙酸类除草剂，能有效抑制类酯的生物合成，为乙酰辅酶A羟化酶抑制剂，主要防治小麦田、玉米田禾本科杂草。

（6）硝磺草酮又名甲基磺草酮。英文名为mesotrione，化学名称为2-硝基4-甲磺酰苯基（1，3-二氧代环己基）甲酮。硝磺草酮主要登记作物为玉米，属于三酮类除草剂，防治一年生阔叶杂草及禾本科杂草。硝磺草酮主要起触杀作用，硝磺草酮被喷洒到敏感杂草上之后，在杂草木质部和韧皮部内传导，引起杂草茎叶白化症状，使杂草缓慢死亡。

（7）2甲4氯钠。英文名为MCPA-sodium，化学名称为2-甲基-4-氯苯氧乙酸钠，2甲4氯钠为苯氧乙酸类选择性内吸传导激素型除草剂，可以破坏双子叶植物的输导组织，使其生长发育受到干扰，茎叶扭曲，茎基部膨大变粗或者开裂。2甲4氯钠主要用于防治农田的阔叶杂草和莎草类杂草（朱文达 等，2010）。

四、烟草耐玉米田除草剂的研究

1. 作物对除草剂的耐药性研究

随着除草剂品种的日益增多和应用范围的迅速扩大，除草剂的选择性越来越强，例如禾本科作物应用的除草剂多以防除阔叶类杂草为主。不同作物对除草剂的耐药性存在明显差异，同种作物的不同品种对除草剂的耐药性也存在差异。王健等（2016）开展了不同玉米类型对烟嘧磺隆的耐药性研究，结果显示，玉米苗期喷施烟嘧磺隆后，耐药性程度依次为普通玉米>糯玉米>甜玉米。除草剂对作物的影响是客观存在的，一般作物受除草剂药害后，会出现一些形态上的变化，即药害症状。筛选抗除草剂作物品种是克服药害的重要途径（信晓阳 等，2014），也是解决烟草生产上除草剂飘移药害问题的一个崭新课题，对烟草育种和生产都具有重要意义。

2. 烟草对玉米田常用除草剂的耐药性研究

时焦等以主栽烟草品种为试验材料，对玉米田常用除草剂开展了药害试验研究。试验设置推荐使用剂量、推荐使用剂量再稀释不同倍数（10倍、20倍、50倍、100倍和150倍）、清水对照7个处理。用药后调查记载烟苗受害程度，计算药害指数和药害株率。结果表明，7种除草剂在一定的剂量范围内对烟草植株生长均有影响，并且影响程度存在显著差异（$P<0.05$）。2，4-滴丁酯和氯氟吡氧乙酸药害较重，即使推荐使用剂量再稀释150倍处理，多数参试烟株依然表现明显药害症状；2甲4氯钠药害仅次于2，4-滴丁酯和氯氟吡氧乙酸；苯磺隆与硝磺草酮，药害程度居中；莠去津和炔草酯药害较轻。因此建议烟区玉米田用除草剂优先选用莠去津和炔草酯，其次为硝磺草酮和苯磺隆，杜绝使用2，4-滴丁酯和氯氟吡氧乙酸，慎用2甲4氯钠（王钢 等，2018）。

喷施药液处理后，参试除草剂均能造成烟草植株不同的药害症状，具体症状为，2，4-滴丁酯24h表现明显症状，叶片变窄、叶色变浓，主脉发白，新叶严重畸形，呈葱叶状（图2）；2甲4氯钠的症状与2，4-滴丁酯症状相似，施药24h后叶缘向下卷曲，主脉发白、主茎弯曲（图3）；氯氟吡氧乙酸12h出现明显症状，新叶下卷，严重时新叶扭曲成团，茎部坏死（图4）；苯磺隆48h开始出现症状，叶片斑驳，1周后茎部出现坏死斑，顶端生长优势受阻，烟株丛顶，促进腋芽生长（图5）；硝磺草酮72h开始出现症状，叶片出现黄白褪绿斑，类似烟草黄瓜花叶病毒病的花叶（图6）；炔草酯72h出现药害症状，叶缘轻微向下纵卷、畸形，新叶变狭长（图7）；施莠去津48h烟株无明显药害症状，1周后老叶片褪绿变褐，新叶基本正常（图8）。

图2　2，4-滴丁酯药害症状（左为健康对照）

图3　2甲4氯钠药害症状
（右为健康对照）

图4　氯氟吡氧乙酸药害症状
（左为健康对照）

图5　苯磺隆药害症状
（左为健康对照）

图6　硝磺草酮药害症状
（右为健康对照）

图7　炔草酯药害症状
（左为健康对照）

图8　莠去津药害症状
（右为健康对照）

第二章
CHAPTER2
烟田杂草种类

不同杂草对烟草的危害程度不同，因此种类甄别是杂草有效防除的重要基础。本章从分布及危害、形态特征、繁殖特性等几方面对不同烟田杂草进行介绍。

毛茛科（Ranunculaceae）

草本。叶互生或基生，掌状或羽状分裂，或为一至多回三出或羽状复叶。花两性，辐射对称或两侧对称，单生或排成各种花序；萼片3至多数，常花瓣状；花瓣3至多数；雄蕊多数分离；心皮多数，离生，螺旋状排列于膨大的花托上，子房上位，胚珠多数至1个。聚合蓇葖果或聚合瘦果，种子有胚乳。本科有杂草9属，20种，其中烟田杂草有5属，9种，本图鉴介绍3种。

茴 茴 蒜

【学名】*Ranunculus chinensis*
【俗名】禹毛茛
【分布及危害】全国各烟区均有分布，特别是烟稻轮作田，生于低湿地田边，是我国南方烟田常见杂草。在广西、贵州、安徽、江西等烟区危害中度，在云南、四川和广东等烟区危害轻，在湖北和山东等烟区零星发生。
【形态特征】
幼苗：子叶出土幼苗，上、下胚轴都不发达。子叶呈阔卵形，先端钝圆且微凹，全缘，有明显羽状脉，具长柄。初生叶1片，掌状3浅裂，具长柄，并在基部两侧有半透明膜质边缘；后生叶掌状3深裂，叶缘有睫毛，叶柄密生长柔毛。
成株：多年生直立草本，高15～50cm。茎和叶柄均密被伸展的淡黄色糙毛；叶为三出复叶，叶片宽卵形，长2.5～7.5cm，宽2.5～8cm，基生叶和下部叶具长柄；中央小叶具长柄，3深裂，裂片狭长，上部生少数不规则锯齿；侧生小叶具短柄，不等2或3裂；茎上部叶渐变小。单歧聚伞花序，具疏花；花梗贴生糙毛，花直径6～12mm；萼片5，淡绿色，船形，长约4mm，外面疏被柔毛；花瓣5，黄色，宽倒卵形，长约3.2mm，基部具蜜槽；雄蕊和心皮均多数，心皮密生白短毛。聚合瘦果椭圆形，长约1cm，直径6～8mm；瘦果扁平，长约3.2mm，无毛，喙极短，呈点状。

幼　苗

花　果

瘦　果

成　株

【繁殖特性】花期4—6月，果期7—9月。种子繁殖。

毛　茛

【学名】*Ranunculus japonicus*

【俗名】老虎脚迹、毛脚鸡、五虎草

【分布及危害】广布于西藏以外的全国各地，已侵入贵州等3个烟区，在贵州烟区危害中度，在云南和四川烟区危害轻。

【形态特征】

幼苗：子叶出土幼苗，下胚轴明显，上胚轴不发育。子叶近圆形，长约6mm，宽约5.5mm，先端钝，基部圆形，无明显叶脉，具长柄。初生叶掌状浅裂，两面被长柔毛，边缘疏生长睫毛，叶脉明显，具长柄；后生叶与初生叶相似。

成株：一年生或二年生草本。不定根多数，簇生。茎直立，高30～70cm，有伸展的白色柔毛。基生叶和茎下部叶相似，有长达15cm的叶柄，叶片五角形，长3.5～6cm，宽5～8cm，掌状3深裂，中裂片宽菱形或倒卵形且3浅裂，侧裂片不等2裂，两面贴生柔毛；茎中部叶有短柄，上部叶无柄，叶片较小，3深裂。聚伞花序疏散，多花，花梗长约8cm，花直径1.5～2cm；萼片椭圆形，外被白柔毛；花瓣5，倒卵状圆形，长6～11mm，宽4～8mm，基部蜜腺有鳞片；雌雄蕊均多数分离。聚合果近球形，直径6～8mm；瘦果扁平，长2～2.5mm，边缘有宽约0.2mm的棱，无毛，喙短直或外弯，长约0.5mm。

成　株

花

聚合果

【繁殖特性】花果期4—9月。种子繁殖。

石 龙 芮

【学名】*Ranunculus sceleratus*

【俗名】假芹菜、小水杨梅

【分布及危害】广布于全国各地，已侵入湖南等4个烟区，在湖南烟区危害中度，在贵州烟区危害轻，在重庆和山东烟区零星发生。

【形态特征】

幼苗：子叶出土幼苗，下胚轴较短，上胚轴不发育，全株光滑无毛。子叶近圆形或阔卵形，长、宽各2.5mm，无明显叶脉，具短柄。初生叶掌状3浅裂，无明显叶脉，具长柄；后生叶由掌状8浅裂递变为3深裂。

成株：一年生或二年生草本。**茎直立**，株高10～50cm，光滑无毛，上部多分枝。基生叶和下部叶有长3～15cm的叶柄，叶片肾状圆形至卵形，基部心形，3浅裂至3深裂，有时全裂；上部叶较小，近无柄，3深裂至全裂，裂片披针形至线形。聚伞花序，有多数花；花小，直径4～8mm；萼片椭圆状，长2～3.5mm；花瓣5，黄色，倒卵形，与萼片等长，基部蜜腺呈窝状；雌雄蕊均多数分离，花托在果期伸长增大呈圆柱形。聚合果长圆形，长8～12mm；瘦果排列紧密，倒卵球形，稍扁，顶端有短喙。

成　株　　　　　　　　　　　　　　花　果

【繁殖特性】花期3—5月，果期5—8月。种子繁殖。

马兜铃科（Aristolochiaceae）

草本或藤状灌木。叶互生，具柄，常心形，全缘或3～5裂。花两性，上位，辐射对称或左右对称，常有腐肉味；花被通常单层，花瓣状、管状，3裂，暗紫色或黄绿色；雄蕊6至多数，分离或与花柱结合；子房下位或半下位，4～6室；胚珠多数，生于中轴胎座上；果为蒴果。本科有杂草1属，3种，均为烟田杂草。

北马兜铃

【学名】*Aristolochia contorta*
【俗名】臭瓜篓、茶叶包、天仙藤、万丈龙、臭铃当、吊挂篮子、葫芦罐

【分布及危害】我国的东北、华北等地有分布。对烟草旱田有一定危害，与烟草竞争营养，为我国北方部分烟田一般性杂草。

【形态特征】

幼苗：子叶出土幼苗。子叶近圆形，先端钝圆，全缘，叶基圆形，有5条明显叶脉，具长柄。上、下胚轴非常发达。初生叶1片，互生，单叶，阔卵形，先端钝圆，叶缘为微波状，叶基耳垂形，有明显网状脉，具长柄。后生叶与初生叶相似。幼苗全株光滑无毛。

成株：草质藤本。茎长达2m以上，无毛，干后有纵槽纹。叶纸质，卵状心形或三角状心形，基部心形，两侧裂片圆形，下垂或扩展，边全缘，上面绿色，下面浅绿色，两面均无毛。总状花序有花2～8朵，或有时仅1朵生于叶腋；花序梗和花序轴极短或近无；花被黄绿色，常具紫色纵脉和网纹；基部膨大呈球形，向上收狭呈一长管，外面无毛，内面具腺体状毛，管口扩大呈漏斗状；檐部一侧极短，另一侧渐扩大成舌片。蒴果宽倒卵形或椭圆状倒卵形，顶端圆形而微凹，6棱，成熟时黄绿色，由基部向上6瓣开裂。种子三角状心形，灰褐色，扁平，具小疣点，具浅褐色膜质翅。

叶　　　　花

植　株

果

【繁殖特性】花期5—7月，果期8—10月。种子繁殖。

罂粟科（Papaveraceae）

一年生或多年生草本，植物体有乳白色或其他颜色的浆汁。叶互生，全缘或分裂；无托叶。花单生或排成聚伞花序、总状花序；花两性，辐射对称或两侧对称；萼片2，早落，有时大而明显，包被花蕾，有时很小，呈鳞片状或不明显；花瓣4或6，稀无花瓣或有多数花瓣，常离生，2轮，稀部分合生，有时外轮1片或2片成距或囊状；雄蕊多数，离生，或4枚、6枚合生成2束；子房上位，由2至多数心皮合成，1室，侧膜胎座，胚珠多数；花柱长或短，柱头2裂或盘状多角形。蒴果，瓣裂、孔裂或纵裂。种子细小，有油质或肉质胚乳。本科约有38属，700余种；分布于北温带。我国有18属，362种；分布于全国各地。

秃疮花

【学名】*Dicranostigma leptopodum*

【俗名】秃子花、勒马回、兔子花

【分布及危害】分布于云南西北部、四川西部、西藏南部、青海东部、甘肃南部至东南部、陕西秦岭北坡、山西南部、河北西南部和河南西北部。

【形态特征】多年生草本，高25～80cm，全株含淡黄色汁液，被短柔毛，稀无毛。主根圆柱形。茎多条，绿色，具粉，上部具多数等高的分枝。基生叶丛生，叶片狭倒披针形，长10～15cm，宽2～4cm，羽状深裂，裂片4～6对，再次羽状深裂或浅裂，小裂片先端渐尖，顶端小裂片3浅裂，表面绿色，背面灰绿色，疏被白色短柔毛；叶柄条形，长2～5cm，疏被白色短柔毛，具数条纵纹；茎生叶少数，生于茎上部，长1～7cm，羽状深裂、浅裂或二回羽状深裂，裂片具疏齿，先端三角状渐尖；无柄。花1～5于茎和分枝先端排列成聚伞花序；花梗长2～2.5cm，无毛；具苞片；花芽宽卵形，长约1cm；萼片卵形，长0.6～1cm，先端渐尖成距，距末明显扩大呈匙形，无毛或被短柔毛；花瓣倒卵形至圆形，长1～1.6cm，宽1～1.3cm，黄色；雄蕊多数，花丝丝状，长3～4mm，花药长圆形，长1.5～2mm，黄色；子房狭圆柱形，长约6mm，绿色，密被疣状短毛；花柱短，柱头2裂，直立。蒴果线形，长4～7.5cm，粗约2mm，绿色，无毛，2瓣自顶端开裂至近基部。种子卵圆形，长约0.5mm，红棕色，具网纹。

幼　株

花   成 株

【繁殖特性】花期3—5月，果期6—7月。

紫 堇

【学名】*Corydalis edulis*

【俗名】楚葵、蜀堇、苔菜、水卜菜

【分布及危害】分布于辽宁（千山）、北京、河北（沙河）、山西、河南、陕西、甘肃、四川、云南、贵州、湖北、江西、安徽、江苏、浙江、福建，生于海拔400～1 200m的丘陵、沟边或多石地。

【形态特征】一年生灰绿色草本，高20～50cm，具主根。茎分枝，具叶；花枝花葶状，常与叶对生。基生叶具长柄，叶片近三角形，长5～9cm，表面绿色，背面苍白色，一至二回羽状全裂，一回羽片2～3对，具短柄，二回羽片近无柄，倒卵圆形，羽状分裂，裂片狭卵圆形，顶端钝，近具短尖；茎生叶与基生叶同形。总状花序疏具3～10花。苞片狭卵圆形至披针形，渐尖，全缘，有时下部疏具齿，约与花梗等长或稍长。花梗长约5mm。萼片小，近圆形，直径约1.5mm，具齿。花粉红色至紫红色，平展。外花瓣较宽展，顶端微凹，无鸡冠状突起。上花瓣长1.5～2cm；距圆筒形，基部稍下弯，约占花瓣全长的1/3；蜜腺体较长，伸达距末端，大部分与距贴生，末端不变狭。下花瓣近基部渐狭。内花瓣具鸡冠状突起；爪纤细，稍长于瓣片。柱头横向纺锤形，两端各具1乳突，上面具沟槽，槽内具极细小的乳突。蒴果线形，下垂，长3～3.5cm，具1列种子。种子直径约1.5mm，密生环状小凹点；种阜小，紧贴种子。

成　株　　　　　　　　　　　　花　枝

【繁殖特性】繁殖可采用播种法，亦可块茎繁殖或珠芽繁殖。

黄　堇

【学名】*Corydalis pallida*

【俗名】千人耳子、珠果紫堇

【分布及危害】分布于东北、华北地区及河南、陕西、江苏、浙江、安徽、福建、台湾、江西等地。生于林间空地、墙角、石缝、火烧迹地、林缘、河岸或多石坡地。半耐阴，不耐高温、强光、干旱。

【形态特征】灰绿色丛生草本，高20～60cm。具主根，少数侧根发达，呈须根状。茎1至多条，发自基生叶腋，具棱，常上部分枝。基生叶多数，排成莲座状，花期枯萎；茎生叶稍密集，下部叶具柄，上部叶近无柄，表面绿色，背面苍白色，二回羽状全裂，一回羽片4～6对，具短柄至无柄，二回羽片无柄，卵圆形至长圆形，顶生的较大，长1.5～2cm，宽1.2～1.5cm，3深裂，裂片边缘具圆齿状裂片，裂片顶端圆钝，近具短尖，侧生的较小，常具4～5圆齿。总状花序顶生和腋生，有时对叶生，长约5cm，疏具多花和／或长或短的花序轴。苞片披针形至长圆形，具短尖，约与花梗等长。花梗长4～7mm；花黄色至淡黄色，较粗大，平展。萼片近圆形，中央着生，直径约1mm，边缘具齿。外花瓣顶端勺状，具短尖，无鸡冠状突起，或有时仅上花瓣具浅鸡冠状突起。上花瓣长1.7～2.3cm；距约占花瓣全长的1/3，背部平直，腹部下垂，稍下弯；蜜腺体约占距长的2/3，末端钩状弯曲。下花瓣长约1.4cm。内花瓣长约1.3cm，具鸡冠状突起，爪约与瓣片等长。雄蕊束披针形。子房线形；柱头具横向伸出的2臂，各枝顶端具3乳突。蒴果线形，念珠状，长2～4cm，宽约2mm，斜伸至下垂，具1列种子。种子黑亮，直径约2mm，表面密具圆锥状突起，中部较低平；种阜帽状，约包裹种子的1/2。

茎 叶

花 序

【繁殖特性】种子繁殖。

十字花科（Brassicaceae）

　　一年生、二年生或多年生草本，稀为半灌木。植株常有一种特殊的辛辣气味，常被有各种毛，稀无毛。根有时膨大成肥厚块根。茎直立或铺散，稀茎短缩，形态变化较大。基生叶旋覆状或莲座状排列，茎生叶常互生，有柄或无柄，全缘、有齿，或具羽状深、浅不同的裂叶，或羽状复叶；常无托叶。花辐射对称，两性，稀退化成单性；多成顶生或腋生的总状花序，初开时近伞房状，花后常伸长，花下有苞片或无；萼片4，离生，成2轮排列，直立或开展，有时基部呈囊状；花瓣4，离生，"十"字形排列，白色、粉红色、紫色或黄色，基部常有爪，稀花瓣退化或无；雄蕊常6，外轮2，花丝较短，内轮4，花丝较长，称"四强雄蕊"，有时雄蕊退化成4或2，或多至16，花丝有时成对连合，有时基部加宽；蜜腺常生于花丝基部，在短雄蕊基部称"侧蜜腺"，在2长雄蕊基部外围或中间的称"中蜜腺"，有时无中蜜腺；雌蕊1，子房上位，由假隔膜将子房分成假2室，稀无假隔膜而成子房1室，每室有胚珠1至多数，排成1～2行，侧膜胎座，花柱短或无，柱头1或2裂。长角果或短角果，有翅、刺或无，或有其他附属物，成熟时2或4瓣裂，或1节1横裂，无脉或有脉，顶端有时有喙。种子小，有纹理，边缘有翅或无，无胚乳，子叶与胚根有3种排列方式；子叶缘倚胚根，子叶背倚胚根，子叶对折。本科有300余属，3 200余种；主要分布于北温带，尤以地中海地区较多。我国有95属，425种和124变种、9变型。分布于全国，以西南、西北、东北高山区及丘陵地为多，平原及沿海较少。

荠　菜

【学名】*Capsella bursa-pastoris*

【分布及危害】生于山坡、田埂、路边、草地、庭院及村庄附近。几乎遍布全国。

【形态特征】一年生或二年生草本，高7～10cm，稀可达50cm，无毛，有单毛或分叉毛。茎直立，单生或从下部分枝。基生叶排成莲座状，大头羽状分裂，长可达12cm，宽可达2.5cm，顶裂片卵形至长圆形，长0.5～3cm，宽0.2～2cm，侧裂片3～8对，长圆形至卵形，长0.5～1.5cm，先端渐尖，浅裂或有不规则粗锯齿或近全缘，叶柄长0.5～4cm；茎生叶狭披针形或披针形，长5～7mm，宽0.2～1.5cm，基部箭形，抱茎，边缘有缺刻或锯齿。总状花序顶生及腋生，果期延长达20cm；花梗长3～8mm；萼片长圆形，长约2mm；花瓣白色，卵形，长2～3mm，有短爪。短角果倒三角形或倒心状三角形，长5～8mm，宽4～7mm，扁平，无毛，顶端微凹，裂瓣有网脉；宿存花柱长约0.5mm；果梗长0.5～1.5cm。种子2行，长椭圆形，长约1mm，浅褐色。

【繁殖特性】花期2—4月，果期5—7月。

幼　苗	成　株
基生叶	花　序

弯曲碎米荠

【学名】*Cardamine flexuosa*

【分布及危害】生长于海拔200～3 600m的地区，常生长在路旁、田边以及草地。几乎遍布全国。

【形态特征】一年生或二年生草本，高达30cm。茎自基部多分枝，斜升呈铺散状，表面疏生柔毛。基生叶有叶柄，小叶3～7对，顶生小叶卵形，倒卵形或长圆形，长与宽各为2～5mm，顶端3齿裂，基部宽楔形，有小叶柄，侧生小叶卵形，较顶生的形小，1～3齿裂，有小叶柄；茎生叶有小叶3～5对，小叶多为长卵形或线形，1～3裂或全缘，小叶柄有或无，全部小叶近于无毛。总状花序多数，生于枝顶，花小；花梗纤细，长2～4mm；萼片长椭圆形，长约2.5mm，边缘膜质；花瓣白色，倒卵状楔形，长约3.5mm；花丝不扩大；雌蕊柱状，花柱极短，柱头扁球状。长角果线形，扁平，长12～20mm，宽约1mm，与果序轴近于平行排列，果序轴左右弯曲，果梗直立开展，长3～9mm。种子长圆形而扁，长约1mm，黄绿色，顶端有极窄的翅。

幼 苗

成 株

花 序

果 枝

【繁殖特性】花期3—5月，果期4—6月。

碎 米 荠

【学名】*Cardamine hirsuta*

【分布及危害】生于山坡、荒地、草丛中。全国各地均有分布。

【形态特征】一年生草本，高15～35cm。茎直立或斜升，分枝或不分枝，下部有时淡紫色，有密茸毛，上部毛渐少。基生叶有小叶2～5对，顶生小叶肾形或肾圆形，长0.4～1.4cm，宽0.5～1.5cm，边缘有3～5圆齿，小叶柄明显，侧生小叶较顶生的小，基部楔形，两侧稍歪斜，边缘有2～3圆齿；茎生叶有小叶2～6对，生于茎下部的与基生叶相似，生于茎上部的顶生小叶菱状长卵形，先端3齿裂，侧生小叶长卵形至条形，多数全缘，全部小叶两面稍有毛。总状花序顶生；花直径约3mm；花梗长2～4mm；萼片长椭圆形，长约2mm，边缘膜质，外面有疏毛；花瓣白色，倒卵形，长3～5mm，先端钝，基部渐狭；花丝稍扩大；雌蕊柱状，花柱极短，柱头扁球形。长角果条形，稍扁，长达3cm；果梗长0.4～1.5cm。种子椭圆形，宽约1mm，顶端有时有明显的翅。

幼 苗   成 株

花　序　　　　　　　　　　　　果　枝

【繁殖特性】花期2—4月，果期4—6月。

弹裂碎米荠

【学名】*Cardamine impatiens*

【分布及危害】生于路边、山坡、沟谷、河岸及水边湿地。国内分布于吉林、辽宁、山西、河南、安徽、江苏、浙江、湖北、江西、广西、陕西、甘肃、新疆、四川、贵州、云南、西藏等地。

【形态特征】二年生或一年生草本，高20～60cm。茎直立，不分枝或有时上部分枝，表面有沟棱，少毛或无毛，有多数羽状复叶。基生叶叶柄长1～3cm，通常有短茸毛，基部稍扩大，有1对托叶状叶耳，小叶2～8对，顶生小叶长6～13mm，宽4～8mm，边缘有不整齐钝齿状浅裂，基部楔形，有小叶柄，侧生小叶与顶生小叶相似，自上而下渐小，最下端的1～2对小叶常近于披针形，全缘，有小叶柄；茎生叶有柄，基部也有抱茎条形弯曲的耳，长3mm，先端渐尖，缘毛明显，小叶5～8对，顶生小叶卵形或卵状

幼　苗

果　实　　　　　　　　　　　　　花　序

披针形，侧生小叶较小，最上部的茎生叶小叶片较狭，全部小叶有短毛或无毛，边缘均有缘毛。总状花序顶生和腋生，花多数，直径约2mm；果期花序极延长；花梗长2～6mm；萼片长椭圆形，长约2mm；花瓣白色，长2～3mm，基部稍狭；雌蕊柱状，花柱极短，柱头较花柱稍宽。长角果狭条形而扁，长2～2.8cm；果瓣无毛，成熟时自下而上弹性开裂；果梗长1～1.5cm，无毛。种子椭圆形，长约1mm，边缘有较窄的翅。

【繁殖特性】花期4—6月，果期6—7月。

臭　荠

【学名】*Coronopus didymus*

【分布及危害】生于路边、荒地。分布于安徽、江苏、浙江、福建、台湾、湖北、江西、广东、四川、云南等地。

【形态特征】一年生或二年生匍匐草本，高5～30cm，全草有臭味。主茎短且不明显，基部有分枝，无毛或有长单毛。叶为一回或二回羽状全裂，裂片3～5对，条形或狭长圆形，长4～8mm，宽0.5～1mm，先端急尖，基部楔形，全缘，两面无毛，叶柄长5～8mm。花极小，直径约1mm；萼片有白色膜质边缘；花瓣白色，长圆形，比萼片稍长，或无花瓣；雄蕊通常2。短角果肾形，长约1.5mm，宽2～2.5mm，2裂，果瓣半球形，表面有粗糙皱纹，成熟时分离成2瓣。种子肾形，长约1mm，红棕色。

幼苗

群体

【繁殖特性】花期3月，果期4—5月。

葶苈

【学名】*Draba nemorosa*

【分布及危害】生于山坡、田边、路旁、草地、河岸湿地。分布于东北、西北、华北及江苏、浙江、四川、西藏等地。

【形态特征】一年生或二年生草本。茎直立，高5～45cm，单生或分枝，在分枝茎上有叶片；茎下部有密毛，上部渐稀至无毛。基生叶排成莲座状，长倒卵形，先端稍钝，边缘有疏细齿或近于全缘；茎生叶长卵形或卵形，先端尖，基部楔形或渐圆，边缘有细齿，上面有单毛和叉状毛，下面多为星状毛，无柄。总状花序有多花，密集成伞房状，花后显著伸长，疏松；小花梗长5～10mm；萼片椭圆形，背面略有毛；花瓣黄色，花期后变白色，长约2mm，先端凹；雄蕊长1～2mm，花药短心形；雌蕊椭圆形，密生短单毛；花柱几乎不发育，柱头小。短角果长圆形或长椭圆形，长4～10mm，宽1～3mm，有短单毛；果梗长8～25mm。种子椭圆形，褐色，种皮有小疣。

| 幼　苗 | 成　株 |

| 花　序 | 花　枝 |

【繁殖特性】花期3—4月，果期5—6月。

小花糖芥

【学名】*Erysimum cheiranthoides*
【俗名】浅波缘糖芥

【分布及危害】生于山坡、山谷、路边、庭园及村边的草地中。分布于吉林、辽宁、内蒙古、河北、山西、河南、安徽、江苏、湖北、湖南、陕西、甘肃、宁夏、四川、云南、新疆等地。

【形态特征】一年生草本，高15～20cm。茎直立，分枝或不分枝，有棱角，有2叉毛。基生叶排成莲座状，无柄，叶片长1～4cm，宽1～4mm，有2～3叉毛；茎生叶披针形或条形，长2～6cm，宽3～9mm，先端急尖，基部楔形，边缘有深波状疏齿或近全缘，两面有3叉毛，叶柄长0.7～2cm。总状花序顶生，果期伸长达17cm；萼片长圆形或条形，长2～3mm，外面有3叉毛；花瓣浅黄色，长圆形，长4～5mm，先端圆形或截形，下部有爪；侧蜜腺环状，外侧开口，中蜜腺小球状，花柱长约1mm，柱头头状。长角果圆柱形，长2～4cm，宽约1mm，侧扁，稍

幼　苗

成　株

花　序

有棱，有3叉毛，果瓣有1条不明显中脉；果梗粗，长4～6mm。种子卵形，每室1行，长约1mm，淡褐色。

【繁殖特性】花期5月，果期6月。

北美独行菜

【学名】*Lepidium virginicum*

【俗名】独行菜

【分布及危害】生于山坡、路边或荒地。原产于北美。分布于河南、安徽、江苏、浙江、福建、江西、广西、湖北等地。

【形态特征】一年生或二年生草本，高20～50cm。茎单一，直立，上部分枝，有柱状腺毛。基生叶倒披针形，长1～5cm，羽状分裂或大头羽裂，裂片大小不等，卵形或长圆形，边缘有锯

幼　苗

成　株

花　序

齿，两面有短伏毛，叶柄长1～1.5cm；茎生叶有短柄，倒披针形或条形，长1.5～5cm，宽2～10mm，先端急尖，基部渐狭，边缘有尖锯齿或全缘。总状花序顶生，萼片椭圆形，长约1mm；花瓣白色，倒卵形，和萼片等长或稍长；雄蕊2或4。短角果近圆形，长2～3mm，宽1～2mm，扁平有窄翅，顶端微缺，宿存花柱极短；果梗长2～3mm。种子卵形，长约1mm，红棕色，光滑，边缘有窄翅；子叶缘倚胚根。

【繁殖特性】花期4—5月，果期6—7月。

蔊 菜

【学名】*Rorippa indica*

【俗名】印度蔊菜

【分布及危害】生于河岸、山坡、路边较潮湿处。国内分布于河南、江苏、浙江、福建、台湾、湖南、江西、广东、陕西、甘肃、四川、云南等地。

【形态特征】一年生或二年生草本，高20～30cm，植株较粗壮，无毛或有疏毛。茎单生或分枝，表面有纵沟。叶互生；基生叶及茎下部叶有长柄，常为大头羽状分裂，长4～10cm，宽1～3cm，顶端裂片大，卵状披针形，边缘有不整齐锯齿，侧裂片1～5对；茎上部叶宽披针形或匙形，边缘有疏齿，有短柄或基部成耳状抱茎。总状花序顶生或侧生；花多数，有细梗；萼片4，长3～4mm；花瓣4，黄色，基部渐狭成短爪，与萼片近等长；雄蕊6，2枚稍短。长角果条形、圆柱形，长1～2cm，宽1～2mm，成熟时果瓣隆起；果梗长3～5mm，斜升或近于水平开展。种子多数，每室2行，卵圆形而扁，一端微凹，有细网纹。

群 体

花　序

【繁殖特性】花期4—6月，果期6—8月。

风 花 菜

【学名】*Rorippa globosa*

【俗名】球果蔊菜

【分布及危害】生于路边、河岸、沟边湿地或草丛中。分布于黑龙江、吉林、辽宁、河北、山西、安徽、江苏、浙江、湖北、湖南、江西、广东、广西、云南等地。

【形态特征】一年生或二年生直立粗壮草本，高20～80cm，植株有白色硬毛或近无毛。茎基部木质化，下部有白色长毛，上部近无毛，分枝或不分枝。茎下部叶有柄，上部叶无柄，叶片长圆形至倒卵状披针形，长5～15cm，宽1～2.5cm，基部渐狭，下延成短耳状半抱茎，边缘有不整齐粗齿，两面有疏毛。总状花序多数，排成圆锥花序，果期伸长；花黄色，有细梗，长4～5mm；萼片4，长卵形，长约1.5mm，开展，基部等

成　株

大，边缘膜质；花瓣4，倒卵形，与萼片等长或稍短，基部渐狭成短爪。短角果近球形，直径约2mm，果瓣隆起，有不明显网纹，顶端有宿存短花柱；果梗纤细，长4～6mm。种子多数，淡褐色，极细小，扁卵形，一端微凹。

【繁殖特性】花期4—6月，果期7—9月。

无瓣蔊菜

【学名】*Rorippa dubia*

【分布及危害】分布于安徽、江苏、浙江、福建、湖北、湖南、江西、广东、广西、陕西、甘肃、四川、贵州、云南、西藏。生于山坡路旁、山谷、河边湿地、园圃及田野较潮湿处，海拔500～3 700m。

【形态特征】一年生草本，高10～30cm。植株较柔弱，光滑无毛，直立或呈铺散状分枝，表面具纵沟。单叶互生；基生叶与茎下部叶倒卵形或倒卵状披针形，长3～8cm，宽1.5～3.5cm，多数呈大头羽状分裂，顶裂片大，边缘具不规则锯齿，下部具1～2对小裂片，稀不裂，叶质薄；茎上部叶卵状披针形或长圆形，边缘具波状齿，上下部叶形及大小均多变化，具短柄或无柄。总状花序顶生或侧生，花小，多数，具细花梗；萼片4，直立，披针形至线形，长约3mm，宽约1mm，边缘膜质；无花瓣（偶有不完全花瓣）；雄蕊6，2枚较短。长角果线形，长2～3.5cm，宽约1mm，细而直；果梗纤细，斜升或近水平开展。种子每室1行，多数，细小，种子褐色、近卵形，一端尖而微凹，表面具细网纹；子叶缘倚胚根。

果 枝

【繁殖特性】花期4—6月，果期6—8月。

堇菜科（Violaceae）

多年生草本、半灌木或小灌木，稀一年生草本、攀缘灌木或小乔木。单叶互生，少对生，全缘、有锯齿或分裂，有柄；托叶小或叶状。花两性或单性，少杂性，单生或组成腋生或顶生的穗状、总状或圆锥花序，小苞片2；萼片5，下位，宿存；花瓣5，下位，下面1枚通常较大，基部囊状或有距；雄蕊5，下位，花药直立，分离或绕子房成环状靠合，药隔延伸于药室顶端成膜质附属物，花丝短或无，下方2枚雄蕊基部有距状蜜腺；柱头形状多变，花柱单一，稀分裂，子房上位，完全被雄蕊覆盖，1室，由3～5心皮合生，侧膜胎座，倒生胚珠1至多数。蒴果沿室背弹裂或浆果状。种子无柄或具极短的种柄，种皮坚硬，有光泽，常有油质体，有时具翅。本科约有22属，900多种。中国有4属，约130多种。

紫花地丁

【学名】 *Viola philippica*

【分布及危害】分布于我国大多数地区。生于田间、荒地、山坡草丛等处。

【形态特征】多年生小草本。无地上茎。根状茎短，垂直，淡褐色。叶基生，排成莲座状；下部叶片常较小，呈三角状卵形或狭卵形，上部叶片较长，长卵形或披针形，长1.5～4cm，宽0.5～1cm，先端圆钝，基部截形或楔形，稀微心形，边缘具较平的圆齿，两面无毛或被细短毛，有时仅背面沿叶脉被短毛，果期叶片增长约10cm，宽达4cm；叶柄在花期长于叶片1～2倍，上部具极狭的翅，果期上部具较宽的翅，无毛或被细短毛；托叶膜质，苍白色或淡绿色，2/3～4/5与叶柄合生，离生部分线状披针形，边缘疏生具腺体的流苏状细齿或近全缘。花梗多数细弱，与叶片等长或高于叶片，无毛或有短毛，中部附近有2枚线形小苞片；萼片卵状披针形或披针形，先端渐尖，基部附属物短，长1～1.5mm，末端圆形或截形，边缘具膜质白边，无毛或有短毛；花瓣长圆状倒卵形，紫色或淡紫色，稀呈白色，喉部色较淡并带有紫色条纹，侧方花瓣长，内面无毛或有须毛，下方花瓣内面有紫色脉纹；距细管状，长4～8mm，末端圆；下方2枚雄蕊背部的距细管状，长4～6mm，末端稍细；柱头三角形，两侧及后方稍增厚成微隆起的边缘，顶部

成　株

花

略平，前方具短喙，花柱棍棒状，比子房稍长，基部稍膝曲，子房卵形，无毛。蒴果长圆形，无毛。种子卵球形，淡黄色。

【繁殖特性】花、果期4月中旬至9月。以种子和根状茎繁殖。

景天科（Crassulaceae）

草本、半灌木或灌木。茎叶常肥厚肉质，无毛或有毛。单叶互生、对生或轮生；无托叶；全缘或稍有缺刻，稀为浅裂或为奇数羽状复叶。花常呈聚伞花序，或为伞房状、穗状、总状、圆锥状花序，稀单生；花两性，或单性而雌雄异株，辐射对称，花各部常5数或为其倍数，稀为3、4或6或其倍数；萼片自基部分离，稀基部以上合生，宿存；花瓣离生或多少合生；雄蕊1轮或2轮，与萼片或花瓣同数或为其2倍，离生，或与花瓣或花冠筒部多少合生；花丝丝状或钻形，稀有变宽的；花药基生，稀为背着，内向开裂；心皮常与萼片或花瓣同数，离生成基部合生，常在基部外侧有1腺状鳞片；花柱钻形，柱头头状或不明显；胚珠倒生，常多数，成2行沿腹缝线排列，稀少数或1，有两层珠被。蓇葖果有膜质或革质果皮，稀为蒴果。种子小，长椭圆形，种皮有皱纹或微具乳头状突起，或有沟槽，胚乳不发达或缺。本科约有34属，1 500多种。我国有10属，242种。

珠芽景天

【学名】*Sedum bulbiferum*

【俗名】鼠芽半枝莲

【分布及危害】分布于广西、广东、福建、四川、湖北、湖南、江西、安徽、浙江、江苏。生于海拔1 000m以下低山、平地树荫下。为茶园、果园和蔬菜地常见杂草，烟田少见。

【形态特征】多年生草本。根须状。茎高7 ~ 22cm，茎下部常横卧。叶腋常有圆球形、肉质、小形珠芽着生。基部叶常对生，上部的互生，下部叶卵状匙形，上部叶匙状倒披针形，长10 ~ 15mm，宽2 ~ 4mm，先端钝，基部渐狭。花序聚伞状，分枝3，常再二歧分枝；萼片5，披针形至倒披针形，长3 ~ 4mm，宽达1mm，有短距，先端钝；花瓣5，黄色，披针形，长4 ~ 5mm，宽约1.25mm，先端有短尖；雄蕊10，长约3mm；

茎　叶

花

心皮5，略叉开，基部约1mm合生，全长约4mm，连花柱长不足1mm。蓇葖果，果实成熟后呈星芒状排列。

【繁殖特性】花期4—5月。

细叶景天

【学名】*Sedum elatinoides*

【分布及危害】分布于云南西北部（海拔3 400m）、四川（海拔1 200 ~ 1 800m）、湖北（海拔500m）、陕西（海拔400 ~ 1 800m）、甘肃文县碧口、山西。生于山坡石上。

【形态特征】一年生草本。无毛，有不定根。茎单生或丛生，高5 ~ 30cm。3 ~ 6叶轮生，叶狭倒披针形，长8 ~ 20mm，宽2 ~ 4mm，先端急尖，基部渐狭，全缘，无柄或几乎无柄。花序圆锥状或伞房状，分枝长，下部叶腋也生有花序；花稀疏；花梗长5 ~ 8mm，细；萼片5，狭三角形至卵状披针形，长1 ~ 1.5mm，先端近急尖；花瓣

成 株

5，白色，披针状卵形，长2～3mm，急尖；雄蕊10，较花瓣短；鳞片5，宽匙形，长0.5mm，先端有缺刻；心皮5，近直立，椭圆形，下部合生，有微乳头状突起。蓇葖果成熟时上半部斜展；种子卵形，长0.4mm。

【繁殖特性】花期5—7月，果期8—9月。

凹叶景天

【学名】*Sedum emarginatum*

【分布及危害】生于海拔600～1 800m处山坡阴湿处。主要分布于云南、四川、湖北、湖南、江西、安徽、浙江、江苏、甘肃、陕西、福建等。

【形态特征】多年生草本。茎细弱，高10～15cm。叶对生，匙状倒卵形至宽卵形，长1～2cm，宽5～10mm，先端圆，有微缺，基部渐狭，有短距。花序聚伞状，顶生，宽3～6mm，有多花，常有3个分枝；花无梗；萼片5，披针形至狭长圆形，长2～5mm，宽0.7～2mm，先端钝，基部有短距；花瓣5，黄色，线状披针形至披针形，长6～8mm，宽1.5～2mm；鳞片5，长圆形，长0.6mm，钝圆；心皮5，长圆形，长4～5mm，基部合生。蓇葖果略叉开，腹面有浅囊状隆起。种子细小，褐色。

群 体　　　　　　　　　　花 枝

【繁殖特性】花期5—6月，果期6月。

佛 甲 草

【学名】*Sedum lineare*

【分布及危害】喜阴凉、湿润环境。原产于中国云南、贵州、广东、湖南、湖北、甘肃、陕西、河南、安徽、江苏、浙江、福建、台湾、江西等地。

【形态特征】多年生草本，无毛。茎高10～20cm。3叶轮生，少有4叶轮生或对生的，叶线形，长2～2.5cm，宽约2mm，先端钝尖，基部无柄，有短距。花序聚伞状，顶生，疏生花，宽4～8cm，中央有一朵有短梗的花，另有2～3分枝，分枝常再2分枝，着生花无梗；萼片5，线状披针形，长1.5～7mm，不等长，不具距，有时有短距，先端钝；花瓣5，黄色，披针形，长4～6mm，先端急尖，基部稍狭；雄蕊10，较花瓣短；鳞片5，宽楔形至近四方形，长约0.5mm，宽0.5～0.6mm。蓇葖果略叉开，长4～5mm，花柱短。种子小。

花　枝

【繁殖特性】花期4—5月，果期6—7月。

藓状景天

【学名】*Sedum polytrichoides*

【分布及危害】分布于江西、安徽、浙江、陕西、河南、山东、辽宁、吉林、黑龙江。生于海拔1 000m左右山坡石上。

【形态特征】多年生草本。茎带木质，细，丛生，斜上，高5～10cm；有多数不育枝。叶互生，线形至线状披针形，长5～15mm，宽1～2mm，先端急尖，基部有距，全缘。花序聚伞状，有2～4分枝，花少数，花梗短；萼片5，卵形，长1.5～2mm，急尖，基部无距；花瓣5，黄色，狭披针形，长5～6mm，先端渐尖；雄蕊10，稍短于花瓣；鳞片5，细小，宽圆楔形，基部稍狭；心皮5，稍直立。蓇葖果星芒状叉开，基部约1.5mm合生，腹面有浅囊状突起，卵状长圆形，长4.5～5mm，喙直立，长约1.5mm；种子长圆形，长不及1mm。

成　株　　　　　　　　　　　　　　花

【繁殖特性】花期7—8月，果期8—9月。

垂盆草

【学名】*Sedum sarmentosum*

【分布及危害】生于沟边、路旁、湿润山坡或岩石上。分布于福建、贵州、四川、湖北、湖南、江西、安徽、浙江、江苏、甘肃、陕西、河南、山西、河北、辽宁、吉林等地。

【形态特征】多年生草本。茎细弱，常匍匐生长，节上生有不定根，直至花序之下，长10～25cm。3叶轮生，叶倒披针形至长圆形，长1.5～2.8cm，宽3～7mm，先端近急尖，基部急狭，有距。聚伞花序，少花，有3～5分枝；花无梗；萼片5，披针形至长圆形，长3.5～5mm，先端钝，基部无距；花瓣5，黄色，披针形至长圆形，长5～8mm，先端有稍长的短尖；雄蕊10，短于花瓣；鳞片10，楔状四方形，长约0.5mm，先端微缺；心皮5，长圆形，长5～6mm，略叉开，有长花柱。蓇葖果5，近直立。种子卵形，长约0.5mm。

花

【繁殖特性】花期5—7月，果期8月。

石竹科（Caryophyllaceae）

一年生、二年生或多年生草本，稀为半灌木。茎通常节部膨大。单叶对生或轮生，基部常连合；托叶有或无。花通常两性，稀单性，辐射对称，集成聚伞花序或圆锥花序，稀单生或集成头状，有的有闭锁花；萼片4～5，离生或合生成筒状，宿存，常有膜质边缘；花瓣4～5，常有爪，稀无花瓣；雄蕊8～10，通常为花瓣的2倍，稀同数或更少；子房上位，由2～5心皮合生，通常1室，少为不完全的2～5室，花柱2～5，胚珠多数，特立中央胎座。果为蒴果，稀瘦果或浆果；蒴果顶端瓣裂或齿裂；种子多数，稀1枚，含粉质胚乳。本科约有80属，2 000种；广布于世界各地，主要分布于北半球的温带及暖温带地区。我国有30属，约388种，58变种，8变型。

无 心 菜

【学名】*Arenaria serpyllifolia*

【俗名】蚤缀、鹅不食、雀抖擞、米婆菜

【分布及危害】生于向阳山坡、田边、路旁草丛。分布于全国各地。

【形态特征】一年生或二年生草本；高10～30cm。茎簇生，稍呈铺散状，密生白色短柔毛。叶卵形，长3～7mm，宽2～3mm，先端渐尖，基部稍圆，两面疏生柔毛和腺点，边缘有缘毛；几乎无柄。聚伞花序顶生，花稀疏；苞片叶状，卵形，密生柔毛；花梗纤细，长6～9mm，直立，密生下弯的短毛和腺毛；萼片5，披针形，长3～4mm，边缘为白色宽膜质，有明显的3脉，有短毛，疏生腺点；聚伞花序，具多花，花瓣5，倒卵形，白色，全缘，长仅为萼片的1/3～1/2；雄蕊10，比萼片短；子房卵形，花柱3，条形。蒴果卵形，先端6裂；种子肾形或圆肾形，淡褐色，长约0.5mm，表面有条状微突起。

成株及花

花 序

【繁殖特性】花期6—8月，果期8—9月。

卷 耳

【学名】*Cerastium arvense* subsp. *strictum*

【分布及危害】生于海拔1 200 ～ 2 600m的高山草地、林缘或丘陵区。分布于河北、山西、内蒙古、陕西、甘肃、宁夏、青海、新疆、四川。

【形态特征】多年生疏丛草本，高10 ～ 35cm。茎基部匍匐，上部直立，绿色并带淡紫红色，下部被向下的毛，上部混生腺毛。叶片线状披针形或长圆状披针形，长1 ～ 2.5cm，宽1.5 ～ 4mm，顶端急尖，基部楔形，抱茎，被疏长柔毛，叶腋具不育短枝。聚伞花序顶生，具3 ～ 7花；苞片披针形，草质，被柔毛，边缘膜质；花梗细，长1 ～ 1.5cm，密被白色腺柔毛；萼片5，披针形，长约6mm，宽1.5 ～ 2mm，顶端钝尖，边缘膜质，外面密被长柔毛；花瓣5，白色，倒卵形，比萼片长1倍或更长，顶端2裂深达1/4 ～ 1/3；雄蕊10，短于花瓣；花柱5，线形。蒴果长圆形，长于宿存萼1/3，顶端倾斜，10齿裂。种子肾形，褐色，略扁，具瘤状突起。

茎　叶　　　　　　　　　　　　　　　　花　序

【繁殖特性】花期5—8月，果期7—9月。

喜泉卷耳

【学名】*Cerastium fontanum*

【俗名】簇生卷耳

【分布及危害】分布于河北、山西、陕西、宁夏、甘肃、青海、新疆、河南、江苏、安徽、福建、浙江、湖北、湖南、四川、云南。生于海拔1 200 ~ 2 300m的山地林缘杂草间或疏松沙质土壤。

【形态特征】多年生或一年生、二年生草本，高15 ~ 30cm。茎单生或丛生，近直立，被白色短柔毛和腺毛。基生叶叶片近匙形或倒卵状披针形，基部渐狭呈柄状，两面被短柔毛；茎生叶近无柄，叶片卵形、狭卵状长圆形或披针形，长1 ~ 3（4）cm，宽3 ~ 10（12）mm，顶端急尖或钝尖，两面均被短柔毛，边缘具缘毛。聚伞花序顶生；苞片草质；花梗细，长5 ~ 25mm，密被长腺毛，花后弯垂；萼片5，长圆状披针形，长5.5 ~ 6.5mm，外面密被长腺毛，边缘中部以上膜质；花瓣5，白色，倒卵状长圆形，等长或微短于萼片，顶端2浅裂，基部渐狭，无毛；雄蕊短于花瓣，花丝扁线形，无毛；花柱5，短线形。蒴果圆柱形，长8 ~ 10mm，长为宿存萼的2倍，顶端10齿裂。种子褐色，具瘤状突起。

幼 苗

花 序

花 枝

【繁殖特性】花期5—6月，果期6—7月。

球序卷耳

【学名】*Cerastium glomeratum*

【俗名】粘毛卷耳

【分布及危害】生于山坡、路边草丛。分布于江苏、浙江、湖北、湖南、江西、福建、云南、西藏。

【形态特征】一年生草本。全株密生长柔毛。茎簇生，直立或斜升，高达30cm，下部紫红色，上部绿色。基生叶匙形，上部叶卵形至椭圆形，长1～2cm，宽0.5～1.2cm，全缘，先端钝或微凸，基部圆钝，主脉明显，两面密被柔毛，边缘有缘毛。二歧聚伞花序顶生，基部有叶状苞片；花序梗及花梗上除密被长柔毛外，还混生腺毛；萼片5，披针形，绿色，边缘膜质，密被长柔毛及腺毛；花瓣5，倒卵形，先端2裂，与萼片近等长或稍短；雄蕊10；子房卵圆形，花柱4～5。蒴果圆柱形，长约为萼片的1倍，10齿裂。种子近三角形，褐色，密生小瘤状突起。

群　体　　　　　　　　　　　成　株

【繁殖特性】花、果期4—5月。种子繁殖。

鹅 肠 菜

【学名】*Myosoton aquaticum*

【俗名】牛繁缕

【分布及危害】生于山沟、溪边湿草丛。全国各地均有分布。

【形态特征】多年生草本，高20～50cm。茎下部伏卧，无毛，上部直立，有白色柔毛或混有腺毛。茎下部叶有柄，柄长5～10mm，或达2cm，叶柄有狭翅，其两侧疏生缘毛，茎中上部叶无柄；叶片卵形或长圆状卵形，长2.5～5.5cm，宽1～3cm，先端锐尖，基部近心形，全缘，有时有缘毛，两面无毛。二歧聚伞花序顶生；苞片较小，叶状，边缘有腺毛；花梗长1～2cm，密被腺毛，或一侧腺毛较密，花后下垂；萼片5，狭卵形，长4～5mm，果期长达7mm，外面有柔毛及腺毛；花瓣5，白色，长于或等于萼片，2深裂达基部；雄蕊10，稍短于花瓣；子房长圆形，花柱5，极短。

蒴果卵圆形，比萼片稍长，5瓣裂，瓣裂先端2齿裂。种子多数，近圆形，褐色，有刺状突起。

群 体 花

【繁殖特性】花期5—8月，果期6—9月。

漆姑草

【学名】*Sagina japonica*

【分布及危害】生于山坡、路边石缝中。国内分布于东北、华北、华中、华东、西南及陕西、甘肃。

【形态特征】一年生或二年生草本，高5～15cm。茎丛生，直立或稍铺散状，无毛或上部稍被腺毛。叶条形，长7～20mm，宽约1mm，基部抱茎，合生成膜质的短鞘，

单 株 群 体

花　　　　　　　　　　　　果　枝

先端渐尖，无毛。花小，单生于枝端；花梗细长，长1～2cm，疏生腺毛；萼片5，长圆形至椭圆形，长1.5～2mm，先端圆钝，疏生腺毛或无毛，有3裂，边缘及顶端为白色膜质；花瓣5，白色，卵形，长约为萼片的2／3；雄蕊5，短于花瓣；子房卵形，花柱5。蒴果卵圆形，稍超出花萼，通常5瓣裂，有多数种子。种子细小，肾形，褐色，密生瘤状突起。

【繁殖特性】花期3—5月，果期5—6月。

女娄菜

【学名】*Silene aprica*

【俗名】大米罐

【分布及危害】生于山坡、山沟、路边草丛。分布于大部分省份。

【形态特征】一年生或二年生草本，高20～70cm。茎直立，单一或由基部多分枝，密生短柔毛。叶披针形至条状披针形，长4～7cm，宽4～8mm，密生短柔毛；上部叶无柄，下部叶有柄。聚伞花序顶生及腋生；苞片披针形；花梗长短不一，长5～20mm；萼圆筒形，长6～8mm，密被短柔毛，有10条脉，先端有5齿，萼齿边缘宽膜质，有缘毛，果期萼筒膨大成卵状圆筒形，长达8～10mm；花瓣5，白色或粉红色，与萼片等长或稍长，先端2裂，基部渐狭成爪，喉部有2鳞片

群　体

花 枝

状附属物；雄蕊10，略短于花瓣，花丝基部密被毛；子房长圆状圆筒形，花柱3。蒴果卵形，长8～9mm，6齿裂，含多数种子。种子圆肾形，黑褐色，有钝或尖的瘤状突起。

【繁殖特性】花期5—6月，果期7—8月。

麦 瓶 草

【学名】*Silene conoidea*

【俗名】米瓦罐

【分布及危害】生于麦田及路边荒草丛。分布于黄河流域和长江流域各地，西至新疆和西藏。与烟草竞争营养，为烟草大田期常见杂草。

【形态特征】一年生草本，全体有腺毛。主根细长，有支根。茎直立，多单生或叉状分枝。基生叶匙形，茎生叶长圆形或披针形，长5～8cm，宽5～10mm，先端渐尖，基部渐狭，两面有腺毛。聚伞花序顶生，有少数花；花梗长短不等；萼筒圆锥状，长2～3cm，果期基部膨大呈圆形，先端5齿裂，有30条脉，外面有腺毛；花瓣5，倒卵形，粉红色，全缘或先端微凹，基部渐狭成爪，爪上部有耳，喉部有2鳞片

单 株

果 实

花 枝

花 序

状附属物；雄蕊10；子房长卵形，花柱3。蒴果卵圆形，上部尖缩，有光泽，6齿裂。种子肾形，有瘤状突起。

【繁殖特性】花期5—6月，果期6—7月。

大 爪 草

【学名】*Spergula arvensis*

【分布及危害】生于江边草地。分布于黑龙江、云南（昆明）、贵州（盘县）。

【形态特征】一年生草本。茎丛生，高13～50cm，多分枝，被疏柔毛，上部具短腺毛。叶片线形，长1.5～4cm，宽0.5～0.7mm，顶端尖，稍弯曲，具1明显中脉，无毛或疏生腺毛；托叶小，膜质。聚伞花序稀疏；花小形，白色；花梗细，果时常下垂；萼片卵形，长约3mm，顶端

群 体

花　枝

钝，被腺毛，边缘膜质；花瓣卵形，全缘，顶端钝，微长于萼片；雄蕊10，短于萼片；子房卵圆形，花柱极短。蒴果宽卵形，直径约4mm，5瓣裂，明显长于宿存萼。种子近圆形，稍扁，直径1.2～1.3mm，具狭翅，两面具乳头状突起。

【繁殖特性】花期6—7月，果期7—8月。

雀 舌 草

【学名】*Stellaria alsine*

【分布及危害】生于山沟、溪边湿地。国内分布于内蒙古、河南、甘肃、安徽、江苏、浙江、江西、台湾、福建、湖南、广东、广西、贵州、云南、四川、西藏。对烟草水田与旱田均有危害，与烟草竞争营养，为烟草大田初期与旺长期常见杂草。

【形态特征】一年生或二年生草本，高10～25cm。茎细弱，有分枝，基部匍匐或渐斜升，光滑无毛。叶片长圆形至卵状披针形，长0.5～2cm，宽2～3mm，先端尖，基部渐狭，全缘或边缘呈微波状，无毛或边缘基部有缘毛。花为顶生聚伞花序，常有少数花朵，有时单生于叶腋；花梗纤细，长5～15mm；萼片5，披针形，长约3mm，边缘膜质；花瓣5，白色，与萼片近等长或较萼片短，2深裂；雄蕊5，比花瓣稍短；子房卵形，花柱3。蒴果卵形，与萼片等长或稍长，6裂。种子圆肾形，表面有皱纹状突起。

群　体

花　枝

花　序

【繁殖特性】花期5—6月，果期7—8月。

繁　缕

【学名】*Stellaria media*

【分布及危害】生于山坡及平原的沟边、路旁湿地。分布于全国各地。

【形态特征】一年生或二年生草本，高10～30cm。茎细弱，直立或平卧，上部有1行短柔毛。叶卵圆形或卵形，长0.5～2.5cm，宽0.5～1.5cm，先端尖或锐尖，基部圆形或钝圆，或渐狭，两面无毛，全缘；茎基部及中下部叶有长柄，长1～2cm，上部叶柄渐短或无柄。花单生于叶腋或顶生聚伞花序；花梗细弱，花后延长，侧生1行短毛；萼片5，披针形，长约4mm，有短腺毛，边缘膜质；花瓣5，白色，比萼片稍短，2深裂几达基部；雄蕊5，比花瓣短；子房卵圆形，花柱3。蒴果卵圆形，比萼片稍长，6瓣裂。种子卵圆形，稍扁，褐色，表面有瘤状突起。

群　体

幼　苗

花

果　枝

成　株

【繁殖特性】花期6—7月，果期7—8月。

三脉种阜草

【学名】*Moehringia trinervia*

【俗名】安徽繁缕

【分布及危害】分布于新疆、陕西、甘肃、湖北、安徽、浙江、江西、台湾、湖南、四川、云南。生于海拔1 400 ～ 2 400m的林下阴湿处。

【形态特征】一年生或二年生草本，高10 ～ 40cm，全株被短柔毛。茎丛生，近直立，细弱，基部多分枝。叶片卵形至宽卵形，有时近圆形，长1 ～ 2.5cm，宽5 ～ 12mm，顶端急尖或微凸尖，基部楔形，近无柄或下部叶具柄，边缘具短缘毛，具3基出脉，下面中脉被柔毛。聚伞花序顶生，具多数花；苞片卵形至披针形，草质，被柔毛；花梗细，长5 ～ 25（30）mm；萼

花

群　体

片披针形，长3～4（5）mm，顶端渐尖，具1脉，边缘膜质，白色，沿脉被硬毛；花瓣倒卵状长圆形，全缘，长为萼片的1/3～1/2；雄蕊长短不一，短于花瓣，花丝线形，稍扁；花柱3条，线形。蒴果狭卵圆形，长2.5～3mm，3瓣裂，裂瓣顶端2齿裂，裂齿外卷；种子球形，黑色，有光泽，种脐旁有白色膜质种阜。

【繁殖特性】花期5—6月，果期6—7月。

马齿苋科（Portulacaceae）

肉质草本或半灌木。叶互生或对生，全缘。花两性，辐射对称或左右对称；萼片通常2；花瓣4～5，稀更多，常早枯萎；雄蕊4至多数，通常10；子房1室，上位或半下位至下位，有胚珠1至多颗，生于基生的中央胎座上。果为蒴果，盖裂或2～3瓣裂。种子细小，呈黑色，有光泽；胚乳丰富，胚环绕于四周。本科有杂草2属，2种，其中烟田杂草有1属，1种。

马 齿 苋

【学名】*Portulaca oleracea*
【俗名】马蛇子菜、麻绳菜、马齿菜、蚂蚱菜

【分布及危害】全国各地均有分布。对烟草水田与旱田均有危害，与烟草竞争营养，为烟草生长初期与盛期常见杂草，是我国烟区主要杂草之一。

【形态特征】

幼苗：子叶出土幼苗。子叶椭圆形或卵形，先端钝圆，全缘，叶基阔楔形，无明显叶脉，稍肥厚，带红色，具短柄。下胚轴不发达，上胚轴较发达，均带红色。初生叶2片，对生，单叶，倒卵形，先端钝圆，全缘，边缘有波状红色狭边，叶基楔形，仅有1条中脉，具短柄。后生叶与初生叶相似。幼苗全株光滑无毛，并稍带肉质。

成株：一年生草本，全株光滑。茎圆柱形，平卧或斜倚，多分枝，带紫色或紫红色。叶互生或近对生，叶片扁平，肥厚，倒卵形，马齿状，顶端圆钝或平截，有时微凹，基部楔形，全缘，表面暗绿色，背面淡绿色或带暗红色。花无梗，常3～5朵簇生于枝端；花瓣5或4，黄色，倒卵形。蒴果卵球形，盖裂。种子细小，多数偏斜球形，黑褐色，有光泽，直径不及1毫米。

子　叶

子叶与初生叶

成　株

花

【繁殖特性】花期5—8月，果期6—9月。种子繁殖。

蓼科（Polygonaceae）

多为草本，稀木本。茎多直立，有的平卧、攀缘或缠绕，节通常膨大。叶为单叶，互生，稀对生或轮生，边缘通常全缘，有时分裂，具叶柄或近无柄；托叶常成鞘状（膜质托叶鞘），褐色或白色，顶端偏斜、截形或2裂，宿存或脱落。花序穗状、总状、头状或圆锥状，顶生或腋生；花较小，多为两性，辐射对称；花梗通常具关节；花萼3～5深裂，花瓣状，或花被片6层，2轮，宿存，内花被片有时增大，背部具翅、刺或小瘤；雄蕊6～9；蜜腺环状（花盘），颗粒状或缺；子房上位，1室，心皮通常3，稀2～4，花柱离生或下部合生，胚珠1。瘦果卵形或椭圆形，具3棱或双凸镜状，极少具4棱，有时具翅或刺，包于宿存花被内或外露。该科蓼属（Polygonum）多种植物为烟田常见杂草，有的可造成严重危害。

何首乌

【学名】*Fallopia multiflora*

【俗名】多花蓼、紫乌藤、夜交藤

【分布及危害】分布于甘肃南部、陕西南部、广东、广西、海南、贵州、云南、湖北、湖南、浙江、江苏、江西、安徽、福建、山东、四川、台湾。生于山谷灌丛、山坡林下、沟边石隙。在烟田危害轻微。

【形态特征】多年生植物。块根肥厚，长椭圆形，黑褐色。茎缠绕，长2～4m，多分枝，具纵棱，无毛，下部木质化。叶卵形或长卵形，长3～7cm，宽2～5cm，顶端渐尖，基部心形或近心形，边缘全缘；叶柄长1.5～3cm；托叶鞘膜质，偏斜，无毛，长

各种叶形

3～5mm。花序圆锥状，顶生或腋生，长10～20cm；苞片三角状卵形，每苞内具2～4花；花梗细弱，长2～3mm，下部具关节，果时延长；花被5，深裂，白色或淡绿色，花被片椭圆形，大小不等，外面3片较大，背部具翅，果时增大，花被果时外形近圆形，直径6～7mm；雄蕊8，花丝下部较宽；花柱3，极短，柱头头状。瘦果卵形，具3棱，长2.5～3mm，黑褐色，有光泽，包于宿存花被内。

基部木质化

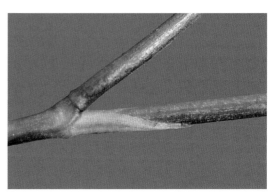
节部的膜质托叶鞘

植　株

【繁殖特性】花期7—10月，果期8—11月。种子繁殖。

萹　蓄

【学名】*Polygonum aviculare*

【分布及危害】全国各地烟区均有分布，生于农田、渠边、路旁或水边湿地，是我国烟田常见杂草，危害中等至轻微。

【形态特征】

幼苗：幼苗子叶2，出土，条形，基部合生。下胚轴发达，红色；上胚轴不发育。初生叶宽披针形。

成株：一年生草本。茎自基部多分枝，平卧或上升，有时直立，高10～40cm。成株叶互生，叶片狭椭圆形或披针形，全缘，长1～4cm，宽3～12mm，柄短或近无；托叶鞘膜质。花1～5朵簇生于叶腋，全露或半露于托叶鞘之外；花被5深裂，淡绿色，边缘白色或淡红色。雄蕊8。

果实：瘦果卵状三棱形，深褐色，有不明显的小点，无光泽。

全　株

成　株

【繁殖特性】花期6—8月，果期9—10月。种子繁殖。

蓼子草

【学名】*Polygonum criopolitanum*

【俗名】细叶一枝蓼、小莲蓬、猪蓼子草

【分布及危害】分布于河南、陕西、江苏、安徽、浙江、福建、湖南、湖北、广东、广西。生于湿地、水田。在烟田危害较轻。

【形态特征】一年生或多年生草本。茎自基部分枝，平卧、丛生，节部生根，高10～15cm，被长糙伏毛。叶狭披针形或披针形，长1～3cm，宽3～8mm，基部楔形，边缘全缘，具缘毛，两面被糙毛或近无毛，近无柄；托叶鞘膜质，密被糙伏毛，顶端截形，具长缘毛。花序生于枝顶，伞形（外观头状），花序梗密被腺毛；花梗长于苞片，顶部具关节；花被5深裂，淡紫红色；雄蕊5，花柱2。瘦果椭圆形，长2～3mm，双凸镜状，深褐色，有光泽。

花 序

瘦 果

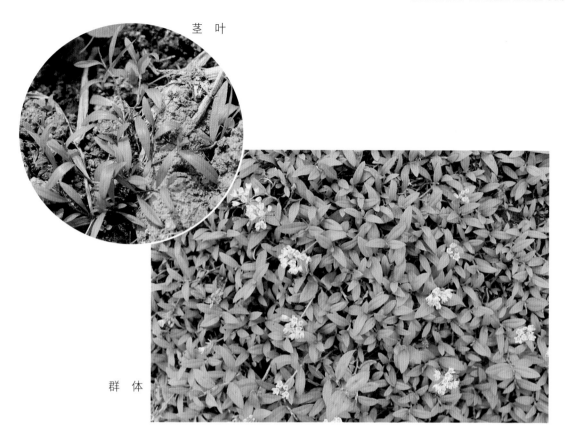

茎 叶

群 体

【繁殖特性】花期7—12月。据笔者多年观察，其极少结实，以地下根状茎越冬，以地上茎碎段随水流传播，行克隆生长（营养繁殖）。

水 蓼

【学名】*Polygonum hydropiper*

【俗名】辣蓼、泽蓼

【分布及危害】全国各地均有分布。生于河滩、沟边、山谷湿地、田间，海拔50 ～ 3 500m。在烟田危害较重至较轻。

【形态特征】

幼苗：子叶出土，阔卵形，长约6mm，宽约4.5mm，柄短。上、下胚轴均发达，红色。初生叶倒卵形，红色。

成株：一年生草本，高40 ～ 70cm。茎直立，有的下部倾斜或伏地，多分枝，无毛，节部膨大，基部节上常生不定根。叶披针形或椭圆状披针形，长4 ～ 9cm，宽5 ～ 25mm，两端渐尖，有缘毛，具辛辣味；托叶鞘膜质，筒状，有短缘毛；叶柄长4 ～ 8mm。总状花序穗状，腋生或顶生，花稀疏，下部的花间断不连；苞漏斗状，绿色，疏生短缘毛，内具3～5花；花具细花梗而伸出苞外；花被4～5裂，卵形或长圆形，淡绿色或淡红色，有腺状小点；雄蕊6，稀8；花柱2～3。瘦果卵形，双凸镜状或具3棱，长约2.5mm，表面有小点，黑色无光，包在宿存的花被内。

| 成 株 | 花 序 | 幼 苗 |

群 体

【繁殖特性】花期6—10月。种子繁殖。

酸模叶蓼

【学名】*Polygonum lapathifolium*

【俗名】马蓼、大马蓼、旱苗蓼、斑蓼、柳叶蓼

【分布及危害】全国各地均有分布，生长于水田、旱地、沟边、果园、菜地等地，海拔30 ~ 3 900m。在烟田危害中等至轻微。

【形态特征】

幼苗：种子出土萌发。子叶椭圆形，长约1cm，宽约4mm，先端急尖，全缘，叶基阔楔形，无毛，具短柄。下胚轴非常发达，深红色，上胚轴亦很发达。初生叶1片，互生，单叶，长椭圆形，无托叶鞘；后生叶具托叶鞘。叶上面具黑斑，其背面密生白色绵毛。

成株：一年生草本。茎直立，高30 ~ 120cm，有分枝，光滑无毛。叶互生，叶柄被短刺毛；叶片披针形或宽披针形，长5 ~ 15cm，宽1.5 ~ 4cm，叶全缘，叶缘及主脉覆粗硬毛，叶上常有新月形黑褐色斑点；托叶鞘筒状，膜质，脉纹明显，无毛，顶端平截无缘毛。总状花序呈穗状，顶生或腋生；苞片膜质，边缘生稀疏短睫毛；花被4（5）深裂，裂片椭圆形，淡绿色或粉红色；雄蕊6，花柱2，向外弯曲。瘦果圆卵形，扁平，两面微凹，长2 ~ 3mm，宽约1.4mm，红褐色至黑褐色，有光泽，包于宿存的花被内。

成　株

花序和叶

幼　苗　　　　　　　　　　　　　　　幼株群体

【繁殖特性】花、果期7—9月。种子繁殖。

长 鬃 蓼

【学名】*Polygonum longisetum*

【俗名】马蓼

【分布及危害】分布于我国各地。生于沟边湿地、农田，海拔30～3 000m。在华中地区烟田常为优势杂草。

【形态特征】

幼苗：2子叶出土，椭圆形，背面紫红色；茎紫红，初生叶卵形至卵状披针形。

成株：一年生草本，高30～60cm。茎直立、斜伸或基部近平卧，基部多分枝；茎带紫红色，节部略膨大。叶全缘，披针形至长椭圆形，长3～7cm，宽0.7～2cm；叶柄短或近无；托叶鞘筒状，干膜质，缘毛长0.6～1cm。总状花序呈穗状，顶生或腋生，下部间断。花萼花瓣状，粉红色或白色，5深裂；雄蕊6～8；花柱3，中下部合生，柱头头状。瘦果宽卵形，具3棱，黑褐色，有光泽，长约2mm，为宿存花萼包被。

幼　苗

成　株　　　　　　　　　　　花　序

群　体　　　　　　　　　　　筒状托叶鞘

【繁殖特性】花、果期5—11月。种子繁殖，传播能力较弱，幼苗密度常很高。

尼泊尔蓼

【学名】*Polygonum nepalense*

【俗名】水荞麦、马蓼草

【分布及危害】除新疆外，全国均有分布。生于山坡草地、山谷路旁，海拔200～4 000m。危害严重至较轻。

【形态特征】一年生草本。茎外倾或斜上，自基部多分枝，无毛或在节部疏生腺毛，高20～40cm。茎下部叶卵形或三角状卵形，长3～5cm，宽2～4cm，叶部宽楔形，沿叶柄下延成翅；叶柄长1～3cm，或近无柄，抱茎；托叶鞘筒状，长5～10mm，膜质，淡褐色，顶端斜截形，无缘毛，基部具刺毛。花序头状，顶生或腋生。花白色或淡红色，密集，花被通常4深裂；花柱2。瘦果圆形，两面凸出，黑色，密生小点，无光泽，长2～2.5mm。

群 体

植 株

花 枝

【繁殖特性】花期5—8月，果期7—10月。种子繁殖。

杠 板 归

【学名】*Polygonum perfoliatum*

【俗名】贯叶蓼、蛇不过

【分布及危害】分布于黑龙江、吉林、辽宁、河北、山东、河南、陕西、甘肃、江苏、浙江、安徽、江西、湖南、湖北、四川、贵州、福建、台湾、广东、海南、广西、云南。生于田边、路旁、山谷湿地，海拔80～2 300m。在烟田危害轻微。

【形态特征】

幼苗：2子叶长椭圆形，叶柄明显。下胚轴发达，上胚轴不发育。初生叶与成株叶形态相似。

成株：一年生攀缘草本。茎具纵棱，沿棱疏生倒钩皮刺。叶薄纸质，三角形或三角状戟形，长4～10cm，宽2～8cm，基部近平截或近心形，下面沿叶脉疏生皮刺；托叶鞘叶状，近圆形，茎从其中央穿过；叶柄与叶片等长，具倒生皮刺，盾状，着生于叶片的近基部。总状花序呈短穗状；苞片卵圆形，每苞片内具花2～4朵；花被5深裂，白色或淡红色，花被裂片椭圆形，长约3mm；雄蕊8，略短于花被；花柱3，中上部合生；柱头头状。瘦果球形，黑色，直径3～4mm，花被裂片果时增大，呈肉质，深蓝色，包被果实。

花　序

幼　苗

叶、皮刺和叶状托叶鞘　　　　　　　　　　成　株

【繁殖特性】花期6—8月，果期7—10月。种子繁殖。

习 见 蓼

【学名】*Polygonum plebeium*

【俗名】腋花蓼、小萹蓄

【分布及危害】全国各地烟区均有分布。生于农田、渠边、路旁或水边湿地，海拔
30 ~ 2 200m，是我国烟田常见杂草，危害中等至轻微。

【形态特征】一年生草本。茎平卧，自基部分枝，长10 ~ 40cm。叶常狭椭圆形或倒

花　枝　　　　　　　　　　幼　果

披针形，长0.5 ～ 1.5cm，常长于节间，宽2 ～ 4mm，两面无毛，侧脉不明显；叶柄极短或近无柄；托叶鞘膜质，顶端撕裂。花3 ～ 6朵，簇生于叶腋，遍布于全植株；花梗比苞片短；花被5深裂，白色、淡红色或紫红色，长1 ～ 1.5mm；雄蕊5，花丝基部稍扩展，比花被短；花柱3，稀2，极短，柱头头状。瘦果宽卵形，具3锐棱或双凸镜状，长1.5 ～ 2mm，黑褐色，包于宿存花被内。

成　株

【繁殖特性】花期3—8月，果期5—9月。种子繁殖。

齿果酸模

【学名】*Rumex dentatus*

【俗名】牛舌草、齿果羊蹄、羊蹄大黄（云南）、土大黄（江苏、云南、贵州）、牛舌棵子、野甜菜、土王根（江苏）、牛耳大黄（四川）

【分布及危害】分布于华北、西北、华东、华中、四川、贵州及云南。生于沟边湿地、山坡路旁，海拔30 ～ 2 500m。危害中等至轻微。

【形态特征】

幼苗：子叶出土，卵形，长约8mm，宽约3.5mm，基部近圆形，柄长。下胚轴红色，粗壮；上胚轴不发育。初生叶阔卵形，具长柄。

成株：一年生或二年生草本。茎直立，高30～70cm，多分枝。茎下部叶长圆形或长椭圆形，长4～12cm，宽1.5～3cm，顶端圆钝或急尖，基部圆形或近心形，边缘浅波状，叶柄长3～5cm；茎生叶较小，叶柄长1.5～5cm。花簇生于叶腋，再排列成总状，最后形成圆锥状花序。花小，两性；花被片6枚，排成2轮；内花被片果时增大，三角状卵形，全部具小瘤，边缘每侧具2～4个刺状齿，齿长1.5～2mm。瘦果卵形，具3锐棱，长2～2.5mm，两端尖，黄褐色，有光泽。

成 株

幼 果

花

花簇生于叶腋 　　　　　　　　　　叶（从左到右：从茎上部到茎基）

【繁殖特性】花、果期近全年。种子繁殖。

羊　蹄

【学名】*Rumex japonicus*

【俗名】山壳菜、雪糖菜、野大黄、牛舌头、土大黄、野大黄

【分布及危害】分布于我国各地。经常分布在野生山坡、林缘、沟边、路旁、山野或阴湿地等，海拔400～4 100m。在烟田危害中等至轻微。

【形态特征】

幼苗：子叶2，线形。初生叶椭圆形，叶柄长于或短于叶片。

花　　　　　　　　　　　花簇生于叶腋，叶鞘破碎，叶缘波状

成株：多年生草本，高35～100cm。主根粗大，长圆形，黄色。茎直立，粗壮，上部分枝。基生叶长圆形或披针状长圆形，长8～25cm，宽3～10cm，基部心形，边缘微波状；茎上部叶狭长圆形；叶柄长2～12cm；托叶鞘膜质，易碎裂。花序圆锥状；花两性，密集簇生于叶腋；花被淡绿色，6片，2轮，内轮果时增大，边缘具不整齐小齿。瘦果宽卵形，具3锐棱，长2～2.5mm，两端尖，暗褐色，有光泽。

植　株　　　　　　　　　　　　花　枝

【繁殖特性】花期5—6月，果期6—7月。种子繁殖。

长刺酸模

【学名】*Rumex trisetifer*

【俗名】海滨酸模、假菠菜

【分布及危害】分布于陕西、江苏、浙江、安徽、江西、湖南、湖北、四川、台湾、福建、广东、海南、广西、贵州、云南。生于田间、湿地、水边、山坡草地，海拔30～1 300m。危害中等至轻微。

【形态特征】一年生草本。根粗壮，红褐色。茎直立，高30～80cm，分枝开展。茎下部叶长圆形或披针状长圆形，长8～20cm，宽2～5cm，基部楔形，边缘波状，茎上部的叶较小，狭披针形；叶柄长

成　株

花

幼 果　　　　　　　　　花 序

1～5cm；托叶鞘膜质，早落。花序总状，顶生和腋生，具叶，再组成大型圆锥状花序；花两性，多花簇生；花梗细长，近基部具关节；花被片6片，2轮，黄绿色，边缘每侧具1个针刺，针刺长3～4mm。瘦果椭圆形，具3锐棱，两端尖，长1.5～2mm，黄褐色，有光泽，包于褐色宿存萼片内。

　　【繁殖特性】花期5—6月，果期6—7月。种子繁殖。

商陆科（Phytolaccaceae）

草本，稀为灌木或乔木；通常光滑无毛。茎圆柱形，直立。叶互生；椭圆形或卵状椭圆形，全缘，有柄；托叶无或细小。花两性或单性，辐射对称，有苞片及2小苞片；总状花序腋生及顶生；萼片4～5，离生或基部合生，椭圆形或卵圆形，大小相等或不等，芽中覆瓦状排列；花瓣无；雄蕊与萼片同数或8～10，花丝条形或锥形，分离或基部合生，花药背着，脱落；心皮1或较多，分离或合生，柱头条形或锥形，花柱与子房室同数，短或缺，子房上位，每室胚珠1，半倒生或弯生。浆果、蒴果或翅果；种子直立，球形或肾形，胚位于胚乳外围，胚乳粉质或多浆。本科有17属，约120种；多分布于美洲热带和亚热带及非洲南部。我国有2属，5种。

商　陆

【学名】*Phytolacca acinosa*

【俗名】章柳、山萝卜、见肿消、倒水莲、金七娘、猪母耳、白母鸡

【分布及危害】主要分布于我国西南至东北。

【形态特征】多年生草本，高1～1.5m。主根肥大，圆锥形，肉质。茎直立，圆柱形，多分枝，光滑无毛。叶互生；叶片卵状椭圆形或长椭圆形，长14～25cm，宽5～10cm，先端尖，全缘，基部楔形，表面绿色，背面淡绿色；叶柄长1.5～3cm。总状花序直立，顶生或侧生，长10～15cm；花两性，有小花梗；小梗基部有苞片1，梗上有小苞片2；萼片通常5，白色、淡黄绿色或淡粉红色，宿存；无花瓣；雄蕊8，花药淡粉红色；心皮8，离生，花柱短，柱头不明显。果穗直立；浆果扁球形，直径约7mm，多汁液，熟时由绿色变成紫红色或紫黑色。种子肾形，黑褐色。

幼　苗

果　实

群 体　　　　　　　　　　　　花 序

【繁殖特性】花期6—8月，果期8—10月。

垂序商陆

【学名】*Phytolacca americana*

【俗名】商陆、美国商陆、十蕊商陆、美洲商陆

【分布及危害】原产于北美。我国大部分地区有分布。

【形态特征】多年生草本，高1 ～ 1.5m。主根肥大，圆锥形，肉质。茎直立，圆柱

幼 苗　　　　　　　　　　　　花 枝

成　株

果　枝

形，绿色或常带紫红色，角棱较明显。叶片长椭圆形，长10～15cm，宽4～10cm，先端尖或渐尖，全缘，基部楔形；叶柄长1.5～3cm。总状花序略下垂；苞片条形或披针形，细小；萼片5，白色或淡粉红色，常宿存；无花瓣；雄蕊10；心皮10，合生。果穗稍下垂；浆果扁球形，熟时紫黑色。

【繁殖特性】花期6—8月，果期8—10月。

藜科（Chenopodiaceae）

多为一年生草本。茎枝有时具关节。单叶，互生或对生，具泡状毛，无托叶。花小，单被，3～5裂，果期增大、变硬或在背部生出翅状、刺状、疣状等附属物；雄蕊与花被裂片同数或较少；子房上位；2～3心皮合生，1室，基底胎座，胚珠1，弯生。果实多为胞果，种子直立、横生或斜生，较小；胚弯曲，具肉质或粉质的外胚乳或无。本科有杂草14属，36种，其中烟田杂草有5属，12种。

土　荆　芥

【学名】*Dysphania ambrosioides*
【俗名】红泽蓝、天仙草、臭草、钩虫草、虱子草

【分布及危害】主要分布于长江以南广西、广东、福建、贵州等地。原产于热带美洲，现已被列为我国入侵物种。对烟草苗床、水田与旱田均有危害，与烟草竞争营养，并分泌化感物质，为烟草旺长期和水田恶性杂草。

【形态特征】

幼苗：子叶出土幼苗。子叶先端钝状，全缘，叶基渐窄，叶表面稀被白色粉粒，具长柄。下胚轴不发达，粉红色，上胚轴不发育。初生叶1片，互生，单叶，卵形，先端钝圆，全缘，叶基下延到柄，形成半透明膜质的边缘，中脉明显。第一后生叶与初生叶相似。第二后生叶叶缘开始出现不规则的锯齿，并有明显的主脉与侧脉。幼苗光滑无毛。

成株：一年生或多年生草本，高50～80cm，有强烈臭气。茎直立，多分枝，具条纹，近无毛。叶互生，披针形或狭披针形，长10～15cm，宽3～5cm，顶端渐尖，基部渐狭成短柄，边缘有不整齐的钝齿，表面光滑无毛，背面有黄色腺点，沿脉稍被柔毛。穗状花序腋生，分枝或不分枝。胞果扁球形，完全包藏于花被内。种子肾形，直径约0.7mm，黑色或暗红色，光亮。

成株及幼苗

根蘖新苗

花 枝

【繁殖特性】3—5月萌发，花、果期6—10月。种子和根蘖繁殖。

藜

【学名】*Chenopodium album*

【俗名】灰菜、白藜

【分布及危害】全国各地均有分布。为烟田常见杂草，与烟草竞争营养，为东北地区和西南地区烟田优势杂草。

【形态特征】

幼苗：子叶出土幼苗。子叶长椭圆形，先端钝圆，全缘，叶基阔楔形，稍肉质，背面有白色粉粒层，具长柄。上、下胚轴非常发达，红色，上胚轴具棱和条纹，叶缘微波状，叶基截形，两面均布满白色粉粒。后生叶卵形，先端钝圆，叶缘波齿状，叶基近戟形。叶两面布满白色粉粒。幼苗呈灰绿色。茎基部与心叶带紫红色。

子 叶

幼 苗

成株：一年生草本植物，高60 ～ 120cm。茎直立粗壮，有棱和绿色或紫红色的条纹，多分枝；枝上升或开展。单叶互生，有长叶柄；叶片菱状卵形或披针形，长3 ～ 6cm，宽2.5 ～ 5cm，先端急尖或微钝，基部宽楔形，边缘常有不整齐的锯齿，背面灰绿色，被粉粒。多数花簇排成腋生或顶生的圆锥花序。胞果完全包于花被内或顶端稍露，果皮薄，紧贴种子。种子双凸镜形，光亮。

成 株

【繁殖特性】4—5月萌发，花、果期7—10月。种子繁殖。

刺 藜

【学名】*Chenopodium aristatum*

【俗名】铁扫帚苗、鸡冠冠草、刺穗藜

【分布及危害】主要分布于我国北方，黑龙江、吉林、辽宁、内蒙古、河北、山东、山西、河南、陕西、宁夏、甘肃、四川、青海及新疆均有分布。对旱田烟草有一定危害，为一般性杂草。

【形态特征】

幼苗：子叶出土幼苗。子叶长椭圆形，先端急尖或钝圆，基部楔形，叶背常带紫色；具柄。上胚轴与下胚轴均较发达，下胚轴被短毛。初生叶1片，狭披针形，叶面疏生短毛，具短柄。

成株：一年生草本，植物体通常呈圆锥形，高10～40cm，无粉，秋后常带紫红色。茎直立，圆柱形或有棱，具色条，分枝多数。叶条形

成 株

茎 顶

群 体

至狭披针形，全缘，先端渐尖，基部收缩成短柄，中脉黄白色。聚伞花序生于枝端及叶腋，末端分枝针刺状。胞果顶基扁，圆形；果皮透明。种子横生，圆形，周边截平或具棱，黑色。

【繁殖特性】花期8—9月，果期10月。种子繁殖。

菊叶香藜

【学名】*Chenopodium foetidum*

【俗名】总状花藜、菊叶刺藜

【分布及危害】主要分布于我国北方与西南地区，辽宁、内蒙古、山西、陕西、甘肃、青海、四川、云南与西藏均有分布。对旱田烟草有一定危害，为一般性杂草。

【形态特征】

幼苗：子叶出土幼苗。子叶近卵形，较肥厚。初生叶长圆形，叶脉凹陷；后生叶与成株叶相似。上、下胚轴均不发达。

成株：一年生草本，高20～60cm，有强烈气味，疏生短柔毛。茎直立，具绿色条纹，分枝多。叶片矩圆形，长2～6cm，宽1.5～3.5cm，边缘羽状浅裂至羽状深裂，叶脉深陷。复二歧聚伞花序腋生。胞果扁球形，果皮膜质。种子横生，周边钝，直径0.5～0.8mm，红褐色或黑色，有光泽，具细网纹。

成　株

【繁殖特性】花期8—9月，果期10月。种子繁殖。

灰 绿 藜

【学名】*Chenopodium glaucum*

【俗名】盐灰菜

【分布及危害】除台湾、福建、江西、广东、广西、贵州、云南等地外，其他各地都有分布。对旱田烟草有一定危害，为一般性杂草。

【形态特征】

幼苗：子叶出土幼苗。子叶卵状披针形，先端钝圆，全缘，叶基近圆形，稍肥厚，具柄。下胚轴与上胚轴均发达，下胚轴紫红色，上胚轴有沟槽与条丝。初生叶2片，对生，单叶，三角状卵形，先端钝圆，全缘，叶基微呈戟形，1条中脉明显，背面密布白色粉粒，具长柄；后生叶椭圆形，叶缘呈疏齿状，背面被白色粉粒。幼苗全株光滑无毛，稍为肥厚肉质，灰绿色。

成株：一年生草本，高10～45cm。茎通常由基部分枝，斜上或平卧，有沟槽与条纹。叶片厚，带肉质，椭圆状卵形至卵状披针形，长2～4cm，宽5～20mm，边缘有波状齿，基部渐狭，表面绿色，背面灰白色、密被粉粒，中脉明显；叶柄短。短穗状花序腋生或顶生。胞果伸出花被片，果皮薄，黄白色。种子扁圆，暗褐色。

子叶与初生叶

幼 苗

叶

成 株

【繁殖特性】4—5月萌发，花期6—8月，果期8—10月。种子繁殖。

小 藜

【学名】*Chenopodium serotinum*

【俗名】苦落藜、灰条菜

【分布及危害】除西藏外，其他各地都有分布。对旱田烟草有一定危害，为大部分烟田一般性杂草，是昆明地区育苗土床的优势杂草之一，也是广东地区麻沙泥田烟草的主要杂草之一。

【形态特征】

幼苗：子叶出土幼苗。子叶长椭圆形或带状，先端钝圆，全缘，叶基阔楔形，稍肉质，具短柄；下胚轴非常发达。初生叶2片，对生，单叶，椭圆形，全缘或具疏锯齿，叶基两侧有2片小裂齿，具短柄；后生叶披针形，互生，叶缘有不规则缺刻或疏锯齿，先端急尖，叶基两侧也常有2片小裂齿，背面布满白色粉粒。

成株：一年生草本，高20～50cm。茎直立，具条棱及绿色条纹。叶片卵状矩圆形，长2.5～5cm，宽1～3.5cm，边缘具深波状锯齿，通常3浅裂，侧裂片位于中部以下，通常各具2浅裂齿。圆锥状团伞花序顶生。胞果包在花被内，果皮与种子贴生。种子双凸镜状，黑色，有光泽，直径约1mm，边缘微钝，表面具六角形细凹。

子叶与第一片真叶

幼 苗

植 株

花 序

【繁殖特性】3—4月萌发，花期4—6月，果期5—7月。种子繁殖。

地 肤

【学名】*Kochia scoparia*

【俗名】地麦、落帚、扫帚苗、扫帚菜、孔雀松

【分布及危害】主要分布于我国北方地区，黑龙江、吉林、辽宁、内蒙古、河北、山西、陕西、甘肃、宁夏、青海、新疆均有分布。对旱田烟草有一定危害，为一般性杂草。

【形态特征】

幼苗：子叶出土幼苗。子叶线形，叶背紫红色，无柄。初生叶1片，椭圆形，全缘或边缘具稀齿，有睫毛，先端急尖，无柄。下胚轴发达，上胚轴较短，细长，真叶基部具2浅齿，心叶具少量白粉。

成株：一年生草本，高50～100cm。根略呈纺锤形。茎直立，淡绿色或带紫红色，有多数条棱。茎下部叶披针形或条状披针形，长2～5cm，宽3～9mm，3条主脉明显；茎上部叶较小，无柄，1脉。疏穗状圆锥花序生于上部叶腋。胞果扁球形，果皮膜质，与种子离生。种子卵形，黑褐色，长1.5～2mm，稍有光泽。

幼 苗　　　　　　　　成 株

【繁殖特性】花期6—9月，果期7—10月。种子繁殖。

猪 毛 菜

【学名】*Salsola collina*

【俗名】扎蓬棵、刺蓬、猪毛缨、叉明棵、猴子毛、蓬子菜、乍蓬棵子

【分布及危害】主要分布于我国东北、华北、西北、西南及河南、山东、江苏等地。

对旱田烟草有一定危害，为一般性杂草。

【形态特征】

幼苗：子叶出土幼苗。子叶褐绿色，出土后转变为绿色，细长，肉质圆柱状无叶柄或叶柄不明显，基部抱茎。初生叶2，线形，肉质，有硬毛，先端具小刺尖，无柄。后生叶互生，与成株叶相似。

成株：一年生草本。茎自基部分枝，枝互生，伸展，茎枝绿色，有白色或紫红色条纹，生短硬毛或近于无毛。叶片丝状圆柱形，伸展或微弯曲。花序穗状，生于枝条上部；苞片有刺状尖，边缘膜质，背部有白色隆脊；小苞片顶端有刺状尖；花被片膜质，顶端尖，果时变硬，自背面中上部生鸡冠状突起，突起以上部分近革质，顶端为膜质，向中央折曲成平面，紧贴果实。果实为胞果，球形。种子横生、斜生或直立。

幼　苗

花　序

成　株

【繁殖特性】花期7—9月，果期9—10月。种子繁殖。

碱　蓬

【学名】*Suaeda glauca*

【俗名】海英菜、碱蒿、盐蒿、盐蓬、碱蒿子、盐蒿子

【分布及危害】主要分布于东北、西北、华北，河南、山东、江苏、浙江等地也有发生。对碱地烟草有一定危害，为一般性杂草。

【形态特征】

幼苗：子叶出土幼苗。子叶线状，肉质，先端有小刺尖，基部渐狭，无柄。初生叶1片，形状与子叶相同，与其他叶排列紧密，光滑无毛。下胚轴发达，上胚轴较短。

子　叶

幼　苗

成株：一年生草本。茎直立，粗壮，圆柱状，有条棱，上部多分枝。叶丝状条形，半圆柱状，灰绿色，光滑无毛。花两性兼有雌性，着生于叶的近基部；两性花花被杯状，黄绿色；雌花花被近球形，肥厚，灰绿色；花被果时增厚，略呈五角星状，干后变黑色。胞果包在花被内，果皮膜质。种子横生或斜生，双凸镜状，黑色，周边钝或锐，表面具清晰的颗粒状点纹，稍有光泽。

群　体

【繁殖特性】花、果期7—10月。种子繁殖。

蒺藜科（Zygophyllaceae）

草本至矮小灌木。叶对生或互生，单叶、2小叶至羽状复叶；托叶小。花两性，辐射对称，稀左右对称，单生于叶腋或排成顶生的总状花序或圆锥花序；萼片5，稀4；花瓣5；花盘隆起或平压；雄蕊与花瓣同数或为花瓣的2～3倍，着生于花盘下，花丝基部或中部有腺体1个；子房上位，有角或有翅，通常5室，稀2～12室，每室有胚珠2至多颗。果为室间或室背开裂的蒴果，果瓣常有刺，稀为核果状的浆果。本科有杂草3属，5种，其中烟田杂草有1属，1种，本图鉴介绍1种。

蒺藜

【学名】*Tribulus terrester*

【俗名】白蒺藜、刺蒺藜、蒺藜狗子、草狗子

【分布及危害】全国各地均有分布。对旱田烟草有一定危害，与烟草竞争营养，影响耕作，为烟田一般性杂草。

【形态特征】

幼苗：子叶出土幼苗。子叶矩圆形，先端微凹，全缘，叶基近圆形，三出脉，无毛，具叶柄。下胚轴非常发达，上胚轴不发育。初生叶1片，3～8对小叶，小叶椭圆形，先端钝尖，全缘，具睫毛，叶基偏斜，叶背及叶柄均有白色柔毛，后生叶与初生叶相似。

成株：一年生草本。茎平卧，无毛、

幼　苗

成　株

果　实

被长柔毛或长硬毛。偶数羽状复叶，小叶对生，矩圆形或斜短圆形，先端锐尖或钝，基部稍偏科，被柔毛，全缘。花腋生，花梗短于叶，花黄色；萼片5，宿存；花瓣5。果有分果瓣5，硬，长4～6mm，无毛或被毛，中部边缘有锐刺2，下部常有小锐刺2，其余部位常有小瘤体。

【繁殖特性】花期5—8月，果期6—9月。种子繁殖。

牻牛儿苗科（Geraniaceae）

一年生或多年生草本，稀为半灌木。叶互生或对生；单叶有分裂或为复叶；有托叶。花两性，辐射对称或稍两侧对称，单生或排列成聚伞花序、伞房花序或伞形花序；萼片4～5，离生或合生至中部，花瓣5，极稀为4或无，通常覆瓦状排列；雄蕊5，或为花瓣的2～3倍，花丝基部常稍连合，花药2室，纵裂，有时部分雄蕊无花药；雌蕊1，子房上位，3～5裂，或3～5室，每室有1～2颗倒生胚珠，花柱和子房室同数。蒴果，有长喙，熟时果瓣常由基部开裂，向上卷曲，每果瓣含1粒种子。本科约有11属，750种，分布于亚热带和温带地区。我国有4属，约67种。

野老鹳草

【学名】*Geranium carolinianum*

【分布及危害】分布于华东、华南、华中、华北及西南。原产于美洲，20世纪40年代传入我国华东地区。一般性杂草。

【形态特征】一年生草本，高20～60cm。根纤细，单一或分枝。茎直立或仰卧，单一或多数，具棱角，密被倒向短柔毛。基生叶早枯，茎生叶互生或最上部叶对生；托叶披针形或三角状披针形，长5～7mm，宽1.5～2.5mm，外被短柔毛；茎下部叶具长柄，柄长为叶片的2～3倍，被倒向短柔毛，上部叶柄渐短；叶片圆肾形，长2～3cm，宽4～6cm，基部心形，掌状5～7裂近基部，裂片楔状倒卵形或菱形，下部楔形，全缘，上部羽状深裂，小裂片条状矩圆形，先端急尖，表面被短伏毛，背面主要沿脉被短伏毛。花序腋生和顶生，长于叶，被倒生短柔毛和开展的长腺毛，每总花梗具2花，顶生花序梗常数个集生，花序呈伞状；花梗与总花梗相似，等于或稍短于花；苞片钻状，长3～4mm，被短柔毛；萼片长卵形或近椭圆形，长5～7mm，宽3～4mm，先端急尖，具长约1mm尖头，外被短柔毛或沿脉被开展的糙柔毛和腺毛；花瓣淡紫红色，倒卵形，稍长于萼，先端圆形，基部宽楔形，雄蕊稍短于萼片，中部以下被长糙柔毛；雌蕊稍长于雄蕊，密被糙柔毛。蒴果长约2cm，被短糙毛，果瓣由喙上部先裂，向下卷曲。

叶片及花

果 实

【繁殖特性】花期4—7月，果期5—9月。

尼泊尔老鹳草

【学名】*Geranium nepalense*

【分布及危害】分布于陕西、湖北西部、四川、贵州、云南和西藏东部。

【形态特征】多年生草本，高30～50cm。根为直根，多分枝，纤维状。茎多数，细弱，多分枝，仰卧，被倒生柔毛。叶对生或偶为互生；托叶披针形，棕褐色干膜质，长5～8mm，外被柔毛；基生叶和茎下部叶具长柄，柄长为叶片的2～3倍，被开展的倒向柔毛；叶片五角状肾形，基部心形，掌状5深裂，裂片菱形或菱状卵形，长2～4cm，宽

花及叶

群 体

3 ～ 5cm，先端锐尖或钝圆，基部楔形，中部以上边缘齿状浅裂或缺刻状，表面被疏伏毛，背面被疏柔毛，沿脉被毛较密；上部叶具短柄，叶片较小，通常3裂。花序梗腋生，长于叶，被倒向柔毛，每梗2花，少有1花；苞片披针状钻形，棕褐色干膜质；萼片卵状披针形或卵状椭圆形，长4 ～ 5mm，被疏柔毛，先端锐尖，具短尖头，边缘膜质；花瓣紫红色或淡紫红色，倒卵形，等于或稍长于萼片，先端截平或圆形，基部楔形，雄蕊下部扩大成披针形，具缘毛；花柱不明显，柱头分枝长约1mm。蒴果长15 ～ 17mm，果瓣被长柔毛，喙被短柔毛。

【繁殖特性】花期4—9月，果期5—10月。

牻牛儿苗

【学名】*Erodium stephanianum*

【分布及危害】分布于东北、华北、西北、华中及云南、西藏等地。

【形态特征】一年生或二年生草本，高10 ～ 50cm。茎多分枝，平铺或稍斜升，被柔毛或近无毛。叶对生，有柄，柄长4 ～ 8cm，被柔毛或近无毛；叶片卵形或椭圆状三角形，长6 ～ 7cm，二回羽状深裂至全裂，羽片4 ～ 7对，基部下延至叶轴，小羽片狭条形，全缘或有1 ～ 3粗齿，两面被疏柔毛；托叶披针形，渐尖，边缘膜质，被柔毛。伞形花序腋生，花序梗长5 ～ 15cm，通常有2 ～ 5花；花梗长2 ～ 3cm，有开展柔毛或近无毛；萼片椭圆形，先端钝，有长芒，背面被毛；花瓣淡紫色或紫蓝色，倒卵形，基部有白毛，长约7mm；雄蕊10，外轮者无花药；子房被银白色长毛。蒴果长约4cm，顶端有长喙，成熟时5果瓣与中轴分离，喙部呈螺旋状卷曲。

单　株

花　序

【繁殖特性】花期4—5月，果期6—8月。

酢浆草科（Oxalidaceae）

　　一年生或多年生草本，偶有灌木或乔木。托叶缺或小；叶互生或轮生，基生或茎生，掌状复叶，傍晚小叶常叠拢一起，小叶边缘常全缘。伞形花序、聚伞花序或总状花序，或偶有单生花；花两性，整齐，5基数，常异型，或花柱异长；萼片5，离生，近镊合状；花瓣5，基部偶见略合生内卷；雄蕊10，5枚排一轮，共2轮，外轮常具短花丝，与花瓣对生，近基部花丝连合，花药2室，纵裂；子房上位，合生心皮5，中轴胎座，每室1～2颗或多颗胚珠，花柱5，分离，柱头头状或2半裂。蒴果或浆果。种子常具基生假种皮，是种子成熟时从蒴果弹射出去的动力来源。主要分布于热带、亚热带，可分布至温带。本科全球有6～8属，约780种，我国有3属（含1个引进属），13种（含4个引进种）。

▌ 酢 浆 草

　　【学名】*Oxalis corniculata*
　　【分布及危害】主要分布于贵州、安徽、四川、湖南、广西、广东、江西、陕西、湖北烟区，也零星分布于云南、重庆、河南烟区。在烟田危害程度为中级。
　　【形态特征】
　　幼苗：子叶椭圆形，全缘，柄短。初生叶掌状三出复叶，小叶倒心形。
　　成株：一年生或多年生草本。植株匍匐或斜升，茎柔弱，多分枝，疏被柔毛。掌状三出复叶，互生；小叶无柄，倒心形，被柔毛；叶柄细长。花1至数朵组成腋生的伞形花序，花序梗略长于叶柄；花瓣浅黄色；雄蕊10，5长5短，花丝基部合生成筒；柱头5裂，子房5室。蒴果近圆柱形，有5棱，被短柔毛，熟时裂开将种子弹出。

幼　苗　　　　　　　　　　　　　　　花　期

果　期　　　　　　　　　　　　　　成　株

【繁殖特性】花、果期5—11月。以种子或根茎繁殖。

红花酢浆草

【学名】*Oxalis corymbosa*

【分布及危害】分布于广西、广东烟区。在烟田危害程度为中级。

【形态特征】

幼苗：以地下鳞茎直接萌蘖形成新苗。形态同成株。

成株：无地上茎，地下部分有球状鳞茎，外层鳞片膜质，褐色，背具3条肋状纵脉，被长缘毛，内层鳞片呈三角形，无毛。掌状三出复叶基生；叶柄长5～30cm或更长，被毛；小叶扁圆状倒心形，顶端凹入，基部阔楔，被毛或近无毛；叶背具小腺体并被疏毛；

成株群体　　　　　　　　　　　　　　单　株

托叶长圆形，顶部狭尖，与叶柄基部合生。二歧聚伞花序基生；花序梗长10～40cm或更长，被毛；花梗、苞片、萼片均被毛；花梗长5～25mm，每花梗有披针形干膜质苞片2枚；萼片5，披针形，先端有2枚暗红色长柱形小腺体；花瓣5，倒心形，长为萼长的2～4倍，淡紫色至紫红色，基部颜色较深；雄蕊10，5长5短，花丝被长柔毛；柱头2浅裂，子房5室。通常无果实形成。

【繁殖特性】花期3—12月。以地下鳞茎繁殖。

柳叶菜科（Onagraceae）

一年生或多年生草本，稀为灌木或小乔木。单叶对生或互生。花两性，辐射对称或两侧对称，通常单生于叶腋，或组成穗状或总状花序而生于枝顶；花萼的萼筒与子房合生，萼裂片2～6枚，镊合状排列；花瓣4，稀较多或较少，覆瓦状或旋转状排列；雄蕊与萼片同数或为之2倍，或有时2枚，花药2室，纵裂；子房下位，2～6室，通常4室，中轴胎座，柱头少有分裂。果为长柱形的蒴果，有时具棱，稀为浆果或坚果状，开裂或不开裂；种子多数。分布于温带和热带地区。我国各地均有分布。全世界约有20属，600余种，我国（包括引入）有8属，70种。

草 龙

【学名】*Ludwigia hyssopifolia*

【分布及危害】分布于广东、广西烟区。在烟田危害轻。

【形态特征】一年生草本，株高20～200cm。茎无毛，基部木质化，枝伸展，有纵棱，被疏柔毛。单叶互生，叶片线状披针形至长圆状披针形，长2～10cm，宽0.2～2cm，先端急尖，基部渐狭成柄或近无柄。花单生于叶腋，无柄；萼管纤弱，长约8mm，萼裂片4枚，长3～4mm；花瓣4，黄色，宽倒卵形，长约2.5mm；雄蕊8，花丝不等长；花盘稍隆起，围绕雄蕊基部有蜜腺；子房4室。蒴果绿色或浅紫色；种子多数，在蒴果上部游离状排成多列，在蒴果下部排成一列并嵌入一盒状内果皮中。

【繁殖特性】花期夏秋季，果期8—10月。以种子繁殖。

丁香蓼

【学名】*Ludwigia epilobiloides*

【分布及危害】分布于湖南、湖北、安徽、江西烟区。在烟田危害轻至中级。

【形态特征】一年生直立草本，株高20～60cm。主根木质化，具多数侧根。幼时茎平卧或斜生，后直立，有角棱或呈方形，多分枝，下部圆柱状，上部四棱柱形，常淡红色，近无毛，多分枝，小枝近水平开展。叶互生，叶片狭椭圆形，长 3 ～ 9cm，宽 1.2 ～ 2.8cm，先端锐尖或稍钝，基部狭楔，在下部骤变窄，边全缘，侧脉每侧 5 ～ 11 条，靠近叶缘时渐消失；叶柄长 3 ～ 18mm，稍具翅。萼片 4，长 1.5 ～ 3mm，宽 0.8 ～ 1.2mm，疏被微柔毛或近无毛；花瓣 4，黄色，匙形，稍短于萼片，先端近圆形，基部楔形，早落；雄蕊 4，花药扁圆形；柱头近卵球形，花盘围于花柱基部，稍隆起，无毛，花柱短，子房线形。蒴果四棱柱形，淡褐色，无毛，果梗长 3 ～ 5mm；种子细小，多数，棕黄色。

群 体

幼 株

【繁殖特性】花期 6—7 月，果期 8—9 月。以种子繁殖。

柳 叶 菜

【学名】*Epilobium hirsutum*

【分布及危害】分布于安徽、重庆烟区。在烟田危害轻。

【形态特征】多年生半灌木状草本。具根状茎。直立茎粗壮，基部木质化，上部分枝，密被展开的白色长柔毛及短腺毛。茎干下部和中部的叶对生，茎干上部的叶互生，叶片长圆形至椭圆状披针形，长 3 ～ 10cm，宽 0.5 ～ 2cm，先端尖，基部渐狭，无柄，略抱茎，边缘具细锯齿，两面被长柔毛。花单生于上部叶腋，直径 1 ～ 1.5cm；萼筒圆筒状，裂片 4，长 7 ～ 9mm；花瓣宽倒卵形且先端 2 裂，粉红色或紫红色，雄蕊 8，4 长 4 短，子房下位，柱头 4 裂。蒴果圆柱形，长 4 ～ 8cm，被短腺毛，果梗长 4 ～ 10mm。

| 成　株 | 花　枝 |

【繁殖特性】 花期6—9月。以种子繁殖。

葫芦科（Cucurbitaceae）

　　本科约110属，700种，大部分布于热带地区，中国有约29属，142种，南北均有分布，其中有些栽培供食用或药用。草质藤本，有卷须；叶互生，通常单叶而常深裂，有时复叶；花单性同株或异株，稀两性；萼管与子房合生，5裂；花瓣5，或花瓣合生而5裂；雄蕊5枚，其中2对合生，花药分离或合生；子房下位，有侧膜胎座；果大部肉质，不开裂；主要为瓠果。有时为纸质、囊状的干果。

▌ 盒 子 草

　　【学名】 *Actinostemma tenerum*

　　【俗名】 合子草、黄丝藤、葫篓棵子、天球草、鸳鸯木鳖、盒儿藤、龟儿草

　　【分布及危害】 分布于辽宁、河北、河南、山东、江苏、浙江、安徽、湖南、四川、西藏南部、云南西部、广西、江西、福建、台湾。

　　【形态特征】 一年生柔弱草本。枝纤细，疏被长柔毛，后变无毛。叶柄细，长2～6cm，被短柔毛；叶形变化大，心状戟形、心状狭卵形或披针状三角形，不分裂或

3～5裂或仅在基部分裂，边缘波状或具小圆齿或具疏齿，基部弯缺半圆形、长圆形、深心形，裂片顶端狭三角形，先端稍钝或渐尖，顶端有小尖头，两面具疏散疣状突起，长3～12cm，宽2～8cm。卷须细，二歧。雄花总状，有时圆锥状，小花序基部具长约6mm的叶状3裂总苞片，罕1～3花生于短缩的总梗上。花序轴细弱，长1～13cm，被短柔毛；苞片线形，长约3mm，密被短柔毛，长3～12mm；花萼裂片线状披针形，边缘有疏小齿，长2～3mm，宽0.5～1mm；花冠裂片披针形，先端尾状钻形，具1脉或稀3脉，疏生短柔毛，长3～7mm，宽1～1.5mm；雄蕊5，花丝被柔毛或无毛，长约0.5mm，花药长0.3mm，药隔稍伸出于花药，呈乳头状。雌花单生，双生或雌雄同序；雌花梗具关节，长4～8cm，花萼和花冠同雄花；子房卵状，有疣状突起。果实绿色，卵形，阔卵形，长圆状椭圆形，长1.6～2.5cm，直径1～2cm，疏生暗绿色鳞片状突起，自近中部盖裂，果盖锥形，具种子2～4枚。种子表面有不规则雕纹，长11～13mm，宽8～9mm，厚3～4mm。

| 单　株 | 花　枝 |

【繁殖特性】花期7—9月，果期9—11月。

大苞赤瓟

【学名】*Thladiantha cordifolia*
【分布及危害】分布于西藏、云南、广西、广东。

【形态特征】草质藤本，全体被长柔毛。茎多分枝，稍粗壮，具深棱沟。叶柄细，长4～10（12）cm；叶片膜质或纸质，卵状心形，长8～15cm，宽6～11cm，顶端渐尖或短渐尖，边缘有不规则的胼胝质小齿，基部心形，弯缺常张开，有时闭合，长1～3cm，宽0.5～2cm，最基部的1对叶脉沿叶基弯缺边缘向外展开，叶面粗糙，密被长柔毛和基部膨大的短刚毛，后刚毛从基部断裂，在叶面上残留疣状突起，两面脉上的毛尤为密，叶背浅绿色或黄绿色，和叶面一样，密被淡黄色的长柔毛；卷须细，单一，初时有长柔毛，后变稀疏。雌雄异株。雄花：3至数朵生于总梗上端，呈密集的短总状花序，总梗稍粗壮，长4～15cm，被微柔毛和稀疏的长柔毛，每朵花的基部有一苞片；苞片覆瓦状排列，折扇形，锐裂，长1.5～2cm，两面疏生长柔毛；花梗纤细，极短，长约0.5cm；花萼筒钟形，长5～6mm，5裂，裂片线形，长约10mm，宽约1mm，先端尾状渐尖，具1脉，疏被柔毛；花冠黄色，裂片卵形或椭圆形，长约1.7cm，宽约0.7cm，先端短渐尖或急尖；雄蕊5枚，花丝稍粗壮，长约4mm，花药椭圆形，长约4mm；退化子房半球形。雌花：单生；花萼及花冠似雄花；子房长圆形，基部稍钝，被疏长柔毛，花柱3裂，柱头膨大，肾形，2浅裂。果梗强壮，有棱沟和疏柔毛，长3～5cm，果实长圆形，长3～5cm，宽2～3cm，两端钝圆，果皮粗糙，有疏长柔毛，并有10条纵纹。种子宽卵形，长4～5mm，宽3～3.5mm，厚约2mm，两面稍稍隆起，有网纹。

花

花　枝

【繁殖特性】花、果期5—11月。

栝 楼

【学名】*Trichosanthes kirilowii*

【俗名】瓜蒌、瓜楼、药瓜

【分布及危害】分布于华北、华东、华中、华南地区及辽宁、陕西、甘肃、四川、云南和贵州等地。

【形态特征】攀缘藤本，长达10m。块根圆柱状，粗大肥厚，富含淀粉，淡黄褐色。茎较粗，多分枝，具纵棱及槽，被白色伸展柔毛。叶片纸质，轮廓近圆形，长、宽均5～20cm，常3～7浅裂至中裂，稀深裂或不分裂而仅有不等大的粗齿；裂片菱状倒卵形、长圆形，先端钝，急尖，边缘常再浅裂；叶基心形，弯缺深2～4cm，表面深绿色，粗糙，背面淡绿色，两面沿脉被长柔毛状硬毛，基出掌状脉5条，细脉网状；叶柄长3～10cm，具纵条纹，被长柔毛。卷须三至七歧，被柔毛。花雌雄异株。雄总状花序单生，或与1单花并生，或在枝条上部者单生，总状花序长10～20cm，粗壮，具纵棱与槽，被微柔毛，顶端有5～8花，单花花梗长约15cm，小苞片倒卵形或阔卵形，长1.5～3cm，宽1～2cm，中上部具粗齿，基部具柄，被短柔毛；花萼筒状，长2～4cm，顶端扩大，直径约10mm，中下部直径约5mm，被短柔毛，裂片披针形，长10～15mm，宽3～5mm，全缘；花冠白色，裂片倒卵形，长约20mm，宽约18mm，顶端中央具1绿色尖头，两侧具丝状流苏，被柔毛；花药靠合，长约6mm，直径约4mm，花丝分离，粗壮，被长柔毛。雌花单生，花梗长7.5cm，被短柔毛；花萼圆筒形，长约2.5cm，直径约1.2cm，裂片和花冠同雄花；子房椭圆形，绿色，长约2cm，直径约1cm，花柱长约2cm，柱头3。果梗粗壮，长4～11cm；果实椭圆形或圆形，长7～10.5cm，成熟时黄褐色或橙黄色。种子卵状椭圆形，压扁，长11～16mm，宽7～12mm，淡黄褐色，近边缘处具棱线。

雄 花

果 实

群 体

【繁殖特性】花期5—8月，果期8—10月。

菜 瓜

【学名】*Cucumis melo* subsp. *agrestis*

【俗名】马宝、小野瓜、小马泡

【分布及危害】分布于山东、安徽和江苏。

【形态特征】一年生匍匐草本。根白色，柱状。茎枝及叶柄粗糙；卷须纤细，单一。

茎 叶

果 实

叶片肾形或近圆形，质稍硬，长、宽均为6～11cm，常5浅裂，裂片钝圆，边缘稍反卷，两面粗糙，有腺点，掌状脉，脉上有腺质短柔毛。花两性，在叶腋内单生或双生；花梗细，长2～4cm；花梗和花萼被白色短柔毛；花萼筒杯状，裂片条形；花冠黄色，钟形，裂片倒阔卵形，先端钝，有5脉；雄蕊3，生于花被筒的口部，花丝极短或无，药室2回折曲；子房纺锤形，密被白色细绵毛，花柱极短，基部有1浅杯状的盘，柱头3，靠合，2裂。果实椭圆形，长3～3.5cm，直径2～3cm；幼时有柔毛，后脱落而光滑。种子多数，卵形，扁压，黄白色。

【繁殖特性】花期5—7月，果期7—9月。

绞股蓝

【学名】*Gynostemma pentaphyllum*

【俗名】七叶胆、五叶参、七叶参、小苦药

【分布及危害】陕西、四川、云南、湖北、湖南、广东、广西、福建等地均有分布。

【形态特征】草质攀缘植物。茎细弱，具分枝，具纵棱及槽，无毛或疏被短柔毛。叶膜质或纸质，鸟爪状，具3～9小叶，通常5～7小叶，叶柄长3～7cm，被短柔毛或无毛；小叶片卵状长圆形或披针形，中央小叶长3～12cm，宽1.5～4cm，侧生小叶较小，先端急尖或短渐尖，基部渐狭，边缘具波状齿或圆齿，表面深绿色，背面淡绿色，两面均疏被短硬毛；侧脉6～8对，表面平坦，背面凸起，细脉网状；小叶柄略叉开，长1～5mm。卷须纤细，无毛或基部被短柔毛。花雌雄异株。雄花圆锥花序，花序轴纤细，多分枝，长10～30cm，分枝广展，长3～15cm，有时基部具小叶，被短柔毛；花梗丝状，长1～4mm，基部具钻状小苞片；花萼筒极短，5裂，裂片三角形，长约0.7mm，先端急尖；花冠淡绿色或白色，5深裂，裂片卵状披针形，长2.5～3mm，宽约1mm，先

枝 叶

花 枝

端长渐尖，具1脉，边缘具缘毛状小齿；雄蕊5，花丝短，连合成柱，花药着生于柱之顶端。雌花圆锥花序远较雄花之短小，花萼及花冠似雄花；子房球形，2~3室，花柱3枚，短而叉开，柱头2裂；具短小的退化雄蕊5。果实肉质不裂，球形，直径5~6mm，成熟后黑色，光滑无毛，内含倒垂种子2粒。种子卵状心形，直径约4mm，灰褐色或深褐色，顶端钝，基部心形，压扁，两面具乳突状突起。

【繁殖特性】花期3—11月，果期4—12月。

锦葵科（Malvaceae）

草本或灌木。茎韧皮纤维发达。单叶互生，掌状分裂或全缘，托叶早落。花两性，辐射对称，单生或簇生于叶腋；萼片常5枚，基部合生或分离，萼外常具由苞片变成的副萼；花瓣5片，旋转状排列，近基部与雄蕊管贴生；雄蕊多数，花丝连合成为单体雄蕊，花药1室，纵裂，花粉粒大而具刺；子房上位，由2至多心皮合生，中轴胎座，2至多室，每室胚珠1至多数。蒴果或分果，种子有胚乳。本科有6属，12种常见杂草，其中烟田杂草有6属，11种。

苘 麻

【学名】*Abutilon theophrasti*

【俗名】青麻、白麻

【分布及危害】广布全国各地，已侵入9个烟区，在四川烟区危害中度，在吉林、黑龙江、河南、安徽、湖南等烟区危害轻，在辽宁、湖北、山东等烟区零星发生。

【形态特征】

幼苗：子叶出土幼苗，全体被毛，下胚轴发达。子叶心形，长1~1.2cm，先端钝，基部心形，具长柄。初生叶1片，卵圆形，先端钝尖，基部心形，叶缘有钝齿。

成株：一年生直立草本，株高1~2m。上部有分枝，具柔毛；叶互生，圆心形，长5~10cm，先端尖，基部心形，两面密生柔毛；叶柄长3~12cm。花单生于叶腋，花梗长1~3cm，近端处有节；花萼杯状，5深裂；花瓣5，黄色，倒卵形，长约1cm；复雌蕊由15~20心皮构成，排成轮状。果实半球形，直径约2cm，成熟后裂成15~20枚分果瓣，有粗毛，顶端有2长芒。

幼 苗

花

果 实

成 株

【繁殖特性】花期6—8月，果期8—9月。种子繁殖。

野西瓜苗

【学名】*Hibiscus trionum*

【俗名】香铃草、野芝秧子、灯笼泡

【分布及危害】广布全国各地，已侵入10个烟区，在吉林、四川、黑龙江、陕西、安徽、贵州、湖北等烟区危害轻，在辽宁、河南、山东等烟区零星发生。

【形态特征】

幼苗：子叶出土幼苗，被毛。上、下胚轴都发达。子叶卵圆形，长约0.6cm，叶柄具毛。初生叶1片，近方形，先端微凹，基部近心形，叶缘有钝齿及疏睫毛，叶柄长约7mm，有毛。

成株：一年生草本，高30～60cm。茎柔软，常横卧或斜生，被白色星状粗毛。叶互生，下部叶圆形，不分裂或5浅裂，上部叶掌状3～5全裂，裂片倒卵形，通常羽状分裂，中裂片最长，边缘具齿，两面有星状粗刺毛。花单生于叶腋，花梗果时延长达4cm；小苞片12枚，长约8mm；花萼钟形，淡绿色，长1.5～2cm，裂片5；花瓣5枚，基部连合，淡黄色，内面基部紫色，直径2～3cm；花柱顶端5裂，柱头头状。蒴果长圆状球形，直径约1cm，有粗毛，果瓣5。种子肾形，长约2mm，宽1.6～1.8mm，表面灰褐色。

成　株

【繁殖特性】花、果期6—8月。种子繁殖。

大戟科（Euphorbiaceae）

草本、灌木或乔木，体内常有乳白色液汁。叶通常互生，单叶，稀复叶，有托叶，基部或叶柄上有时有腺体。花单性，雌雄同株或异株，单花或组成各式花序，通常为聚伞或总状花序，在大戟属（*Euphorbia*）特化成杯状聚伞花序（1朵雌花居中，周围环绕数朵仅有1枚雄蕊的雄花）；萼片分离或在基部合生，覆瓦状或镊合状排列，在特化的花序中有时萼片极度退化或无；花瓣有或无；花盘环状或分裂成为腺体状，稀无花盘；雄蕊1至多数，花丝分离或合生成柱状；子房上位，3室，稀2或4室或更多或更少，每室有1～2颗胚珠着生于中轴胎座上，花柱分离或基部连合，顶端常2至多裂。果为蒴果，常从宿存的中央轴柱分离成分果瓣，或为浆果状或核果状；种子常有明显的种阜，胚乳丰富。本科约322属，8 910种，全球广布，主产于热带和亚热带地区。最大的属是大戟属，约2 000种。中国共约有75属，406种，分布于全国各地，但主要分布于南部和西南部。烟田杂草主要有近10种，其中铁苋菜的危害较为严重。

铁 苋 菜

【学名】*Acalypha australis*
【俗名】血见愁、海蚌含珠、叶里藏珠
【分布及危害】几乎遍布全国，以华东地区和长江流域居多。生于山坡、沟边、路旁、田野。危害较轻至严重。

【形态特征】

幼苗：子叶出土型。子叶长圆形，三出脉，无毛，具长柄。上、下胚轴均发达，亦密被斜垂毛，且前者毛被弯生，后者毛被斜垂生。第一、第二真叶对生，卵形，先端锐尖，叶缘具钝齿，叶面密生短柔毛，具长柄。

成株：一年生草本，株高0.2～0.5m。茎直立，多分枝。叶长卵形、近菱状卵形或阔披针形，长3～9cm，宽1～5cm；基出脉3条，侧脉3对；托叶披针形。雌雄花同序，花序腋生，稀顶生；雌花无梗，生于花序下部，苞片卵状心形，边缘具三角形齿，外侧沿掌状脉具疏柔毛，苞腋具雌花1～3朵；雄花生于花序上部，排列呈穗状或头状，雄

幼 苗　　　　　　　　　　　　成 株

植 株　　　　　　　　　　　　茎 叶

花序解析　　　　　　　　　　花序正面观

花花梗长约0.5mm，苞片卵形，苞腋簇生5～7朵雄花；雄花花萼裂片4枚，雄蕊5～7；雌花萼片3枚，具疏毛，子房具疏毛，花柱3枚，撕裂5～7条。蒴果钝三棱状，直径约4mm，具3个分果；果皮疏生毛被和毛基变厚的小瘤体；种子随生长期边生长边成熟脱落，种子细小、卵球形、灰褐色，种皮有极紧密、细微、圆形小穴。千粒重仅0.5g左右。种子倒卵形，褐色，长1.5～2mm，宽约1mm，表面具细密颗粒，种脐下方贴伏白色种阜，种脐上方具白色纵棱状脐条，直达种子顶端，与圆点状突起的合点相接。

【繁殖特性】花、果期4—12月。种子繁殖。

泽　漆

【学名】*Euphorbia helioscopia*

【俗名】五朵云、猫儿草

【分布及危害】除新疆、西藏外，几乎遍布全国。泽漆适应性强，喜生于潮湿地区，多生于山沟、荒野、路旁、茶园、烟田及蔬菜地，危害较重。

【形态特征】

幼苗：种子出土萌发。子叶椭圆形，长6mm，宽3mm，先端钝圆，叶基近圆形，全缘，具短柄；下胚轴发达，上胚轴亦很明显，绿色；初生叶对生，倒卵形，先端钝，具小突尖，上半部叶缘有小锯齿，有1条中脉，具长叶柄；后生叶与初生叶相似，但互生，叶先端微凹。幼苗全株光滑无毛，体内含白色乳汁。

成株：一年生或二年生草本。全株富含白色乳汁，株高10～30cm。通常基部多分枝

幼　苗

单个杯状聚伞花序

成　株

| 幼　株 | 花　序 |

而斜生，茎无毛或仅分枝略具疏毛，基部紫红色，上部淡绿色。单叶互生，叶倒卵形或匙形，长1～3cm，宽0.5～2cm，先端钝或微凹，基部楔形，在中部以上边缘有细齿。茎顶端轮生有5叶状苞片，与茎下部叶相似而较大。多歧聚伞花序，顶生，有5伞梗，每伞梗分为2～3小伞梗，每小伞梗又分为2叉；顶端4浅裂，与4个肾形肉质腺体互生；花单性同序，无花被；雄花多数，仅有1雄蕊；雌花1，子房伸出总苞外，3室，花柱3。蒴果，无毛。种子倒卵形，长约2mm，暗褐色，无光泽，表面有凸起的网纹，种阜大而显著，肾形，黄褐色。

【繁殖特性】花期4—5月，果期6—7月。种子繁殖。

飞扬草

【学名】*Euphorbia hirta*

【分布及危害】分布于广东、广西、云南、江西、福建、湖南、湖北等地。为旱播地沙质土常见杂草。在烟田危害中等至轻微。

【形态特征】

幼苗：子叶出土萌发，近矩圆形，长约2.5mm，宽约2mm，先端钝圆或微凹，基部圆形，柄短。下胚轴不发育。初生叶2片，对生，倒阔卵形，基部楔形，具柄。

成株：一年生草本，高30～70cm，全体有乳汁。茎基部膝曲状向上斜升，中部或上部分枝，枝被粗毛，在上部的毛更密。叶对生，披针状长椭圆形、长椭圆状卵形或卵状披针形，长1～5cm，宽5～13mm；基部偏斜，边缘有细锯齿，有3条较明显的叶脉。杯状聚伞花序多数，紧密排成腋生头状花序状；总苞钟状。蒴果卵状三棱形，长1～1.5mm，被贴伏的柔毛。种子近圆状四棱形。

花　枝

果　枝

【繁殖特性】花期全年。种子繁殖。

斑 地 锦

【学名】*Euphorbia maculata*

【分布及危害】我国见于河北、河南、湖北、湖南、江苏、江西、浙江、台湾，常生长在旷野荒地、路旁或田间。在烟田危害中等或轻微。

【形态特征】

幼苗：子叶出土，下胚轴不发育。子叶椭圆形，柄短。初生叶与子叶交互对生，莲座状。初生叶（第一对真叶）椭圆形至倒卵形，与第二对真叶间有明显节间。茎紫红色。

成株：一年生草本，折断有白色乳汁。茎匍匐，高10～17cm，分枝较密，枝柔细，带淡紫色，有白色细柔毛。叶小，对生，成2列，长椭圆形至肾状长圆形，长6～12mm，宽2～4mm，基部偏斜，边缘中部以上疏生细齿，表面中部具长圆形紫色斑纹；叶柄长约1mm；托叶钻形。杯状聚伞花序单生于叶腋，呈暗红色；总苞顶具腺体4枚，腺体横椭圆形，并有花瓣状附属物；总苞中包含由1枚雄蕊所组成的雄花数朵，中间有雌花1朵，具小苞片，花柱3，子房有柄，悬垂于总苞外。蒴果三角状卵形，长约2mm，被疏柔毛。种子卵状四棱形，长约1mm，直径约0.7mm，灰色或灰棕色，每个棱面有5个横纹，无种阜。

成　株　　　　　　　　　　　　幼　苗

【繁殖特性】花、果期8—9月。种子繁殖。

蔷薇科（Rosaceae）

乔木、灌木或草本。叶互生，稀对生，单叶或复叶，常具托叶。花两性，辐射对称，花托突起或凹陷，花被与雄蕊愈合成碟状、杯状、坛状或壶状的托杯（萼筒、花筒），花萼、花瓣和雄蕊均着生于托杯的边缘，形成周位花；花萼裂片5，花瓣5，分离，雄蕊常多数；心皮多数至1枚，分离或结合，子房上位或下位。果实为蓇葖果、瘦果、梨果或核果。种子无胚乳。本科有杂草7属，21种，其中烟田杂草有4属，11种。

朝天委陵菜

【学名】*Potentilla supina*

【俗名】伏委陵菜、仰卧委陵菜

【分布及危害】全国各地均有分布。对烟草苗床、水田与旱田均有一定危害，与烟草竞争营养，为烟草生长初期的一般性杂草。

【形态特征】

幼苗：子叶出土幼苗。子叶阔卵形，先端钝圆，全缘，叶基圆形，具长柄，下胚轴很发达，淡红色，上胚轴不发育。初生叶1片，互生，单叶，为5浅掌状叶，先端钝尖，叶基圆形，有明显叶中脉，具长柄。第一后生叶与初生叶为7浅掌状叶，其他与初生叶相似。第二后生叶变为3小叶或更多小叶的羽状复叶。幼苗全株光滑无毛。

幼苗

成株：一年生或二年生草本。主根细长。茎平展，上升或直立。基生叶为羽状复叶，有小叶2～5对，小叶互生或对生，无柄，最上面1～2对小叶基部下延与叶轴合生；茎生叶托叶草质，绿色，全缘，有齿或分裂。伞房状聚伞花序，花瓣黄色，倒卵形，顶端微凹。瘦果长圆形，先端尖，表面具脉纹。

早春苗

花

【繁殖特性】3—5月萌发，花、果期3—10月。种子繁殖。

蛇含委陵菜

【学名】*Potentilla kleiniana*

【俗名】蛇含、五爪龙、五皮风、五皮草

【分布及危害】辽宁、陕西、山东、河南、安徽、江苏、浙江、湖北、湖南、江西、福建、广东、广西、四川、贵州、云南、西藏均有分布。对旱田烟草有一定危害，与烟草竞争营养，为烟田一般性杂草。

【形态特征】

幼苗：子叶出土幼苗。子叶阔卵形，先端钝圆，全缘，叶基圆形，具叶柄。下胚轴较发达，淡粉红色，上胚轴不发育。初生叶1片，互生，单叶，为3浅掌状叶，顶端3浅裂，裂片先端钝圆，叶基阔楔形，有1条中脉，具长柄，柄带淡红色。第一后生叶为5深裂掌状叶，第二后生叶为三出羽状裂叶，顶端小裂叶为5深裂，两侧小叶为全缘或叶缘具1裂齿，其他与初生叶相似。幼苗全株光滑无毛。

幼苗

成株：一年生、二年生或多年生宿根草本。茎匍匐。掌状复叶，小叶片倒卵形或长圆倒卵形。聚伞花序密集于枝顶，花瓣黄色，倒卵形，顶端微凹，长于萼片。瘦果近圆形，一面稍平，具皱纹。本种不同生境下形态变化较大，水湿条件较好地区植株多高大直立，花茎、叶柄和叶背面密被开展长柔毛，花序顶生着多花，呈伞形，而生在华南潮湿温暖地区多为匍匐小草，每节生不定根，花茎、叶柄及叶片毛多脱落。

成株

花

【繁殖特性】3—4月萌发，花、果期6—10月。种子或匍匐茎繁殖。

委陵菜

【学名】*Potentilla chinensis*

【俗名】中华委陵菜

【分布及危害】我国东北、西北、西南及河南、江苏、安徽、江西、湖北、湖南等地均有分布。对旱田烟草有一定危害，与烟草竞争营养，为烟田一般性杂草。

【形态特征】

幼苗：子叶出土幼苗。子叶近圆形，先端微凹，全缘，叶缘有具乳头状腺毛的睫毛，叶基圆形，具短柄。下胚轴明显，红色，并被短毛，上胚轴不发育。初生叶1片，互生，单叶，阔卵形，顶端为3浅裂或5浅裂，叶缘有长睫毛，叶基圆形，具长柄，柄带红色，并有柔毛。后生叶为5浅裂掌状叶，其他与初生叶相似。

幼 苗

成株：多年生草本植物。根粗壮，圆柱形，稍木质化。基生叶为羽状复叶，小叶5～15对；茎生叶与基生叶相似，叶片对数较少；表面绿色，被短柔毛或脱落至几乎无毛，中脉下陷，背面被白色茸毛，沿脉被白色绢状长柔毛。伞房状聚伞花序，基部有披针形苞片，外面密被短柔毛；花瓣黄色，宽倒卵形，顶端微凹，比萼片稍长。瘦果卵球形，深褐色，有明显皱纹。

成 株

果 序

【繁殖特性】花、果期4—10月。种子繁殖。

匍匐委陵菜

【学名】*Potentilla reptans*

【俗名】金金棒、五爪龙

【分布及危害】我国东北、西北、西南及河南、江苏、安徽、江西、湖北、湖南等地均有分布。对旱田烟草有一定危害，与烟草竞争营养，为烟田一般性杂草。

【形态特征】

幼苗：子叶出土幼苗。子叶矩圆形，全缘，叶缘有具乳头状腺毛的睫毛，叶基楔形，具短柄。下胚轴明显，上胚轴不发育。初生叶1片，互生，单叶，阔卵形，顶端为3浅裂，叶基近截形，具长柄。第一后生叶为5浅裂掌状叶，其他为3小叶的掌状复叶。

成株：多年生匍匐草本。根多分枝，常具纺锤状块根。匍匐枝长20～100cm，节上生不定根。基生叶为复叶，小叶片倒卵形至倒卵圆形，顶端圆钝，基部楔形，边缘有急尖或圆钝锯齿，两面绿色，背面被疏柔毛；纤匍枝上叶与基生叶相似；匍匐枝上托叶草质，绿色，卵状长圆形或卵状披针形，全缘，稀有1～2齿，顶端渐尖或急尖。单花自叶腋生或与叶对生，花瓣黄色，宽倒卵形，顶端显著下凹，比萼片稍长。瘦果黄褐色，卵球形，外面被显著点纹。

幼 苗　　　　　　　　　　　　成 株

【繁殖特性】花、果期6—10月。种子与匍匐枝繁殖。

龙 牙 草

【学名】*Agrimonia pilosa*

【俗名】仙鹤草

【分布及危害】我国各地均有分布。对旱田烟草有一定危害，与烟草竞争营养，为烟田一般性杂草。

【形态特征】

幼苗：子叶出土幼苗。子叶矩圆形，先端微凹，全缘，叶基心形，叶片肥厚肉质，两面和叶缘以及叶柄均密生混杂毛，具短柄。下胚轴与初生根界限不明显，均带橘红色，上胚轴不发育。初生叶1片，互生，单叶，肾形，先端凹陷，其中央有1小裂片，呈3小齿，全缘，叶基心形，具白色柔毛。后生叶为复叶，小叶呈倒三角形卵形，其顶端或上半部有不规则的圆齿，下半部全缘。幼苗除下胚轴外，均被有白色柔毛或混杂毛。

幼 苗

成株：多年生草本。根多呈块茎状，根茎短，基部常有1至数个地下芽。茎高30～120cm，被疏柔毛及短柔毛。叶为间断奇数羽状复叶，通常有小叶3～4对，向上减少至3小叶。总状花序顶生，分枝或不分枝；花瓣黄色，长圆形。果实倒卵状圆锥形，外面有10条肋，被疏柔毛，顶端有数层钩刺。

花 序

果

【繁殖特性】花、果期5—12月。种子繁殖。

茅 莓

【学名】*Rubus parvifolius*

【俗名】红梅消、三月泡、茅莓、蛇泡簕

【分布及危害】我国大部分地区都有分布。对旱田烟草有一定危害，与烟草竞争营养，为烟田一般性杂草。

【形态特征】灌木，高1～2m。枝呈弓形弯曲，被柔毛和稀疏钩状皮刺。小叶3枚，菱状圆形或倒卵形，顶端圆钝或急尖，基部圆形或宽楔形，表面伏生疏柔毛，背面密被灰白色茸毛，边缘有不整齐粗锯齿或缺刻状粗重锯齿；叶柄被柔毛和稀疏小皮刺。伞房花序顶生或腋生，被柔毛和细刺；花萼外面密被柔毛和疏密不等的针刺；花瓣卵圆形或长圆形，粉红色至紫红色，基部具爪。果实卵球形；核有浅皱纹。

萌蘖苗

枝 条

聚合果

【繁殖特性】花期5—6月，果期7—8月。主要以萌蘖苗繁殖，也可以种子繁殖。

水 杨 梅

【学名】*Geum aleppicum*

【俗名】路边青

【分布及危害】我国各地均有分布。对旱田烟草有一定危害，与烟草竞争营养，为烟田一般性杂草。

【形态特征】多年生草本。不定根簇生。茎直立，高30～100cm，被开展粗硬毛。基生叶为大头羽状复叶，通常有小叶2～6对，小叶大小极不相等，顶生小叶最大，菱状广卵形或宽扁圆形；茎生叶托叶大，绿色，叶状，卵形，边缘有不规则粗大锯齿。花序顶生，疏散排列；花瓣黄色，几乎圆形；花柱顶生，在上部1/4处扭曲，成熟后自扭曲处脱落。聚合果倒卵球形；瘦果被长硬毛，花柱宿存，顶端有小钩。

成　株

果与花

【繁殖特性】花、果期7—12月。根蘖或种子繁殖。

蛇　莓

【学名】*Duchesnea indica*

【俗名】蛇泡草、龙吐珠、地莓、地杨梅、蛇含草

【分布及危害】辽宁以南均有分布。对旱田烟草有一定危害，与烟草竞争营养，为烟田一般性杂草。

【形态特征】

幼苗：子叶出土幼苗。子叶阔卵形，先端钝圆，微凹，全缘，缘生睫毛，具长柄。下胚轴发达，上胚轴不发育。初生叶1片，单叶，叶片掌状，叶缘具粗齿，有明显掌状脉及斑点。第一后生叶与初生叶相似。第二后生叶为三出复叶，其他与初生叶相似。

成株：多年生草本。根状茎短，粗壮。匍匐茎多数，有柔毛。小叶片倒卵形至菱状长圆形，先端圆钝，边缘有钝锯齿；托叶窄卵形至宽披针形。花单生于叶腋；萼片卵形，副萼片倒卵形，比萼片长，先端常具3～5锯齿；花瓣倒卵形，黄色，先端圆钝；雄蕊多数，离生；心皮多数，离生；花托在果期膨大，海绵质，鲜红色，有光泽，外面有长柔

毛。瘦果卵形，光滑或具不明显突起，鲜时有光泽。

成　株

聚合果

花

【繁殖特性】花期6—8月，果期8—10月。种子与匍匐茎均可繁殖。

蝶形花科（Papilionaceae）

　　草本、灌木或乔木。单叶、羽状复叶或三出复叶，具有托叶和小托叶，叶枕发达。花两性，两侧对称；萼片5枚，常合生；花瓣5枚，构成蝶形花冠；雄蕊10，二体雄蕊；单雌蕊，子房上位，1室，边缘胎座。荚果。本科有杂草32属，80种，其中烟田杂草有18属，33种。

合　萌

【学名】*Aeschynomene indica*

【俗名】田皂角、水皂角

【分布及危害】分布于我国华南、西南、华北、华东和华中地区，已侵入湖南等3个烟区，在湖南局部烟区危害较重，在安徽烟区危害中度，在山东烟区零星发生。

【形态特征】

幼苗：子叶出土幼苗，上、下胚轴都较发达，无毛。子叶长圆形，长8～10mm，宽3～4mm，先端钝圆，基部圆形。初生叶1枚，羽状复叶，小叶长圆形。

成株：一年生半灌木状草本，高30～100cm，无毛。上部多分枝。偶数羽状复叶互生，小叶20～30对，长圆形，长3～8mm，宽1～3mm，先端圆钝并有短尖头，基部圆形，无小叶柄；托叶膜质，披针形，长约1cm，先端锐尖。总状花序腋生，花序梗有疏刺毛；苞片2，膜质，边缘有锯齿；花萼5枚联合成二唇形，上唇2裂，下唇3裂；花冠黄色带紫纹，旗瓣无爪，翼瓣有爪且短于旗瓣，龙骨瓣较翼瓣短；雄蕊10，为5+5的二体雄蕊；子房无毛，有柄。荚果线状长圆形，微弯，有6～10荚节，荚节平滑或有小瘤突，每节含有一粒种子，熟后逐节横断脱落。种子肾形，褐色至近黑色，光滑，无光泽。

幼　苗　　　　　　　　　　　　　　　成　株

【繁殖特性】花期7—9月，果期8—10月。种子繁殖。荚果逐节断落陷入土中或随流水传播，经越冬休眠后萌发。

天蓝苜蓿

【学名】*Medicago lupulina*

【俗名】黑荚苜蓿、杂花苜蓿、米粒开蓝

【分布及危害】广布于全国各地，已侵入陕西、云南、贵州和四川等烟区，但危害轻。

【形态特征】

幼苗：子叶出土幼苗，上胚轴较发达，有毛。子叶椭圆形，长5～6mm，宽约3mm，先端钝圆，近无柄。初生叶1枚，单叶，近菱形，上部叶缘有不规则锯齿；后生叶为三出复叶，小叶形状与初生叶相似。

成株：一年生草本，茎自基部分枝，匍匐或斜向上，长20～60cm，有疏毛；三出复叶互生，小叶宽倒卵形至菱形，长宽各0.7～2cm，先端钝圆，上部具锯齿，基部宽楔形，两面均有白色柔毛；小叶柄长3～7mm，有毛；托叶斜卵形，缘部有小齿。总状花序，具10～15朵花，密集成头状，总花梗细长；花萼钟状，萼齿长于萼筒，有柔毛；花冠黄色，稍长于萼；雄蕊为9+1的二体雄蕊；上位子房，花柱短。荚果弯曲呈肾形，成熟时黑色，无刺，仅含1粒种子；种子倒卵形，黄褐色，长1.5～2mm，宽1～1.5mm。

成株及花序

【繁殖特性】花、果期4—6月。种子繁殖。

草 木 犀

【学名】*Melilotus officinalis*

【俗名】黄香草木犀、墨里老笃、金花草、黄甜车轴草

【分布及危害】分布于东北、华北、华东及西南等地区，在云南烟区危害中度。

【形态特征】

幼苗：子叶出土幼苗。初生叶与后生叶相同。

成株：一年生或二年生草本。茎直立，高1～3m，多分枝，有香气；三出羽状复叶，中间小叶具短柄，小叶椭圆形或矩圆形，长1.5～2.5cm，宽3～6mm，边缘有细齿，先端钝圆，基部楔形；托叶三角形，基部宽，先端尖。总状花序腋生；花萼钟状，萼齿三角形；花冠黄色，旗瓣与翼瓣近等长；雄蕊为9+1的二体雄蕊。荚果卵圆形，稍有毛，每荚有种子1粒；种子长圆形，褐色。

成　株

花　序

【繁殖特性】花期6—8月，果期8—9月。种子繁殖。

白花车轴草

【学名】*Trifolium repens*

【俗名】白三叶、白花苜蓿、白车轴草

【分布及危害】原产于欧洲，在我国东北、华北、华中、华东和西南地区都有栽培，在有些地方已逸为野生，侵入贵州等5个烟区，在贵州烟区危害中度，在广东和四川烟区危害轻，在重庆和江西烟区零星发生。

【形态特征】

幼苗：子叶出土幼苗。下胚轴发达，上胚轴不发育，光滑无毛。子叶阔椭圆形，长约3.5mm，宽约2.5mm，叶基近圆形，有柄。初生叶1片，单叶，近圆形，先端微凹，叶基截形，具长柄；后生叶为三出掌状复叶，小叶倒卵形，先端微凹，全缘，叶基宽楔形。

成株：多年生草本。茎匍匐，无毛。三出掌状复叶，小叶倒卵形或近倒心形，长1.2～2.5cm，宽1～2cm，先端圆或微凹，叶基宽楔形，边缘有细锯齿，正面无毛，背面微有毛；托叶椭圆形，先端尖，抱茎。头状花序，有长于叶的总花序梗；花萼筒状，萼齿三角形，均有微毛；花冠白色；雄蕊为9+1的二体雄蕊。荚果倒卵状椭圆形，长约3mm，包于膜质、膨大、长约1cm的宿存花萼内，含种子2～4粒。种子近圆状心形，长、宽各1.5mm，黄褐色，表面平滑。

成　株　　　　　　　　　　　花　序

【繁殖特性】江南花期5—6月，华北花期7—8月，果期8—9月。种子繁殖和匍匐茎营养繁殖。

救荒野豌豆

【学名】*Vicia sativa*

【俗名】大巢菜、马豆、野绿豆

【分布及危害】遍布全国，已侵入云南等5个烟区，在云南和河南烟区危害中度，在湖南、广西和四川危害轻。

【形态特征】

幼苗：子叶留土幼苗。下胚轴不发育，上胚轴发达，带紫红色。初生叶鳞片状，主茎上的叶为由1对小叶组成的复叶，顶端具一小尖头或卷须，小叶狭椭圆形，有短睫毛和短柄；侧枝上的叶为羽状复叶，小叶倒卵形，先端圆钝，中央有一小尖头，有睫毛。

成株：一年生或二年生蔓性草本，茎具纵棱。偶数羽状复叶，小叶4～8对，椭圆形或倒卵形，长8～20mm，宽3～7mm，先端截形，基部楔形，两面疏生黄色柔毛；叶顶端变为卷须；托叶戟形。花1～2朵腋生，花梗具黄色疏短毛；花萼钟状，萼齿5，披针形，渐尖，有白色疏短毛；花冠紫色或红色；子房无毛、无柄，花柱顶端背部有淡黄色髯毛。荚果条形，略扁，长2.5～4.5cm，成熟时棕色，2瓣裂成卷曲状，含种子4～8粒。种子近球形，直径约5mm，棕色或黑褐色，平滑无光泽。

幼　苗

果　枝

花果枝

【繁殖特性】花、果期3—6月。种子繁殖或者根芽繁殖。

荨麻科（Urticaceae）

　　草本、半灌木或灌木，稀乔木或攀缘藤本，有时有刺毛；钟乳体常隆起于叶面或茎表面和花被表面。茎常富含纤维，有时肉质。叶互生或对生，单叶；常具托叶。花极小，常为单性，雌雄同株或异株，若同株时常为单性，有时两性（即雌雄花混生于同一花序），稀具两性花而成杂性，由若干小的团伞花序排成聚伞状、圆锥状、总状、伞房状、穗状、串珠式穗状、头状，有时花序轴上端发育成球状、杯状或盘状肉质的花序托，稀退化成单花。雄花：花被片4或5，有时3或2，稀1，雄蕊与花被片同数，花药2室；常具退化雌蕊。雌花：花被片5～9，稀2或缺，分离或多少合生，但花后常增大且宿存；雌蕊1心皮，子房1室，花柱单一或无，柱头头状、画笔头状、钻形、丝形、舌状或盾形；直生胚珠1；退化雄蕊鳞片状或缺。瘦果，少为肉质核果状，常包被于宿存的花被内。主要分布于南北半球的热带与温带。中国多分布于长江流域以南的亚热带和热带地区。多数种类喜生于阴湿环境。本科全球有47属，约1 300种。中国有25属，352种。

冷水花

【学名】*Pilea notata*

【分布及危害】分布于湖南、湖北烟区，在烟田危害轻。

【形态特征】

幼苗：种子随熟随落，春季萌发长出幼苗。

成株：多年生富含汁液的草本，高25～70cm，具匍匐茎。茎肉质，纤细，中部稍膨

雌花枝　　　　　　　　　　　雄花枝

群　体

大，无毛，稀上部有短柔毛，密布条形钟乳体。叶纸质，同对的近等大，狭卵形、卵状披针形或卵形，先端尾状渐尖，基部圆形，稀宽楔形，边缘自下部至先端有浅锯齿，稀有重锯齿，两面密布长0.5～0.6mm的条形钟乳体；基出脉3条，其侧出的2条弧曲，伸达上部与侧脉环结，侧脉8～13对，稍斜展呈网脉；叶柄纤细，长1～7cm，常无毛，稀有短柔毛；托叶大，长圆形，长8～12mm，脱落。花雌雄异株；雄花序聚伞总状，长2～5cm，有少数分枝呈团伞状簇生于枝上，雌聚伞花序较短而密集。雄花：具梗或近无梗，花被片黄绿色，4深裂，卵状长圆形，先端锐尖，外面近先端处有短角状突起，雄蕊4；退化雌蕊小，圆锥状。瘦果卵形，稍偏斜，长约0.1cm，淡黄褐色，伸出宿萼之外，具疣状突起。

【繁殖特性】冬季地上部分枯萎，翌年春天4—5月种子发芽，7—8月开花，果熟期在8—9月。

大麻科（Cannabaceae）

一年生或多年生草本，直立或缠绕。雌雄异株，偶有雌雄同株，常具钟乳体（毛基部一种坚硬的碳酸钙结构）。茎具沟槽或具翅。托叶分离；叶互生或对生，单叶掌状分裂或为复叶。雄花组成具苞片的聚伞状圆锥花序；雄花有花梗；萼片5，分离；无花瓣；雄蕊5，与萼片对生，花丝短，花药2室，纵裂。雌花排成具苞片的穗状聚伞花序（大麻属里尤其缩小），弯垂或直立；雌花无梗，花萼紧贴子房，萼片多数，无花瓣，子房1室，胚珠单生，从子房室顶端垂生，花柱2裂，丝状分枝。核果由宿存萼所包被。分布于非洲北部及亚洲、欧洲、北美洲。全世界本科有2属，4种；中国产2属，4种（含1个特有种）。

葎 草

【学名】*Humulus scandens*

【分布及危害】分布于贵州、湖南、陕西、安徽、江西、广东、吉林烟区，零星分布于湖北、河南、山东烟区。在烟田危害轻。

【形态特征】

幼苗：子叶条形，长2～3cm，无柄；下胚轴发达略带红色，上胚轴不发达。

成株：一年生草质藤本。茎匍匐或缠绕，长可达5m；茎枝和叶柄上均密生倒刺；分枝具纵棱。叶对生，掌状3～9裂，裂片卵形或卵状披针形，叶基心形，两面生糙毛，背面有黄色小油点，叶缘有锯齿；柄长5～10cm。雌雄异株，花序腋生；排成圆锥状柔荑花序的雄花细小，萼5裂，花瓣黄绿色，雄蕊5；排成穗状花序的雌花由紫褐色中带绿色的苞片所包被，苞片的背面有刺，花柱2，子房单一。聚花果绿色，近松球状；单个果为扁球状的瘦果。

成 株

雄花序

雌花序

果 序

【繁殖特性】性喜半阴环境，耐寒、抗旱、喜肥，喜排水良好的肥沃土壤，生长迅速。花期5—10月，果期9—11月。

葡萄科（Vitaceae）

藤本或草本，多为攀缘植物。茎通常合轴，有卷须，稀无卷须。叶为单叶或复叶，互生，有托叶。花序聚伞状，通常与叶对生；花小，两性或单性，常黄绿色；萼片4～5，通常不明显或有时合生成盘状或碗状；花瓣4～5，分生，镊合状排列，有时在顶部合生，在开花时呈帽状脱落 [葡萄属（Vitis）]，或基部合生 [火筒树属（Leea）]；雄蕊与花瓣同数，并与之对生，着生于下位花盘的基部，分生，少有合生；雌蕊由2枚心皮形成，子房2室，每室有1～2颗胚珠。本科有杂草3属，6种，其中烟田杂草有2属，4种，本图鉴介绍2种。

乌蔹莓

【学名】*Cayratia japonica*

【俗名】五叶藤、五爪龙、母猪藤

【分布及危害】河南、山东、长江流域及南方各地有分布。对旱田烟草均有一定危害，与烟草竞争营养，为南方烟田一般性杂草。

【形态特征】

幼苗：子叶出土幼苗。子叶阔卵形，先端钝尖，全缘，叶基圆形，有5条明显主脉，具叶柄。下胚轴非常发达，上胚轴不发达。初生叶1片，为掌状复叶，3小叶，小叶卵形，先端渐尖，叶缘有大小不一的锯齿，具长柄。后生叶与初生叶相似，第二小叶后叶开始成为5小叶的掌状复叶，并排成鸟爪状。幼苗全株光滑无毛。

成株：草质藤本。小枝圆柱形，有纵棱纹。卷须2～3分枝，相隔2节间断与叶对生。叶为掌状5小叶，中央小叶长椭圆形或椭圆披针形，顶端急尖或渐尖，基部楔形，侧生小叶椭圆形或长椭圆形，表面绿色，无毛，背面浅绿色，无毛或微被毛。花序腋生，复二歧聚伞花序；花瓣4，三角状卵圆形；花盘发达，4浅裂。果实近球形，有种子2～4粒。种子倒三角状卵圆形，腹面两侧洼穴从近基部向上过种子顶端。

叶

花序（局部）

花　序

【繁殖特性】花期6—7月，果期8—9月。种子和根蘖繁殖。

山 葡 萄

【学名】*Vitis amurensis*

【俗名】野葡萄

【分布及危害】辽宁、吉林、黑龙江、内蒙古等地有分布。对旱田烟草有一定危害，与烟草竞争营养，为烟草整个生长季一般性杂草。

【形态特征】木质藤本。小枝圆柱形，无毛，嫩枝疏被蛛丝状茸毛。卷须2～3分枝，每隔2节间断与叶对生。叶阔卵圆形，3浅裂或中裂，或不分裂，叶片或中裂片顶端急尖或渐尖，裂片基部常缢缩，裂缺凹成圆形。圆锥花序疏散，与叶对生，基部分枝发达；花瓣5，呈帽状黏合脱落。果实直径1～1.5cm。种子倒卵圆形，顶端微凹，基部有短喙，两侧洼穴狭窄呈条形，向上达种子中部或近顶端。

叶　　　　　　　　　　　　　　　　花　序

【繁殖特性】花期5—6月，果期7—9月。种子和根蘖繁殖。

伞形科（Umbelliferae）

　　一年生、二年生或多年生草本，稀为矮小灌木。茎直立或匍匐、空心或有髓。叶互生；叶片通常分裂，一回掌状裂、二至四回羽状裂、一至二回三出式羽状裂，稀不裂；叶柄基部成叶鞘抱茎；通常无托叶。复伞形花序或单伞形花序；花小，两性或杂性；总苞片有或无；伞幅少数至多数，等长或不等长；小总苞片有或无；花萼与子房贴生，萼齿5，明显或不明显；花瓣5，先端通常凹，有内折的小舌片；雄蕊5，与花瓣互生；子房下位，2室，每室有1胚珠，花柱基盘状或圆锥状，花柱2。双悬果，成熟时分裂成2分果，稀不裂；分果通常有5条明显的主棱（1条背棱、2条中棱、2条侧棱），棱与棱之间称棱槽，有时棱槽发育成次棱，而主棱不发育，棱槽内和合生面通常有油管1至多数；外果皮表面有毛、刺、瘤状突起或平滑，胚乳软骨质，腹面平直、凸出或凹入，胚小。本科有200余属，2 500余种；分布于世界温带及热带地区。我国有99属，约536种。

田葛缕子

【学名】*Carum buriaticum*

【分布及危害】分布于东北、华北、西北、西藏和四川西部。生于田边、路旁、河岸、林下及山地草丛中。

【形态特征】多年生草本，高50～80cm。根圆柱形，长达18cm，直径0.5～2cm。茎通常单生，稀2～5，基部有叶鞘纤维残留物，自茎中下部以上分枝。基生叶及茎下部叶有柄，长6～10cm，叶片轮廓长圆状卵形或披针形，长8～15cm，宽5～10cm，三至四回羽状分裂，末回裂片线形，长2～5mm，宽0.5～1mm；茎上部叶通常二回羽状

花 枝

成 株

分裂，末回裂片细线形，长5～10mm，宽约0.5mm。总苞片2～4，线形或线状披针形；伞辐10～15，长2～5cm；小总苞片5～8，披针形；小伞形花序有花10～30，无萼齿，花瓣白色。果实长卵形，长3～4mm，宽1.5～2mm，每棱槽内油管1，合生面油管2。

【繁殖特性】花、果期5—10月。

积雪草

【学名】*Centella asiatica*

【分布及危害】分布于陕西、江苏、安徽、浙江、江西、湖南、湖北、福建、台湾、广东、广西、四川、云南等地。喜生于阴湿的草地或水沟边；海拔200～1900m。

【形态特征】多年生草本。茎匍匐，细长，节上生根。叶片膜质至草质，圆形、肾形或马蹄形，长1～2.8cm，宽1.5～5cm，边缘有钝锯齿，基部阔心形，两面无毛或在背面脉上疏生柔毛；掌状脉5～7，两面隆起，脉上部分叉；叶柄长1.5～2.7cm，无毛或上部有柔毛，基部叶鞘透明，膜质。伞形花序梗2～4个，聚生于叶腋，长0.2～1.5cm，有或无毛；苞片通常2，稀3，卵形，膜质，长3～4mm，宽2.1～3mm；每一伞形花序有花3～4，聚集呈头状，花无梗或有1mm长的短梗；花瓣卵形，紫红色或乳白色，膜质，长1.2～1.5mm，宽1.1～1.2mm；花柱长约0.6mm；花丝短于花瓣，与花柱等长。果

幼 苗

成 株

花 序

实两侧扁压，圆球形，基部心形至平截形，长2.1～3mm，宽2.2～3.6mm，每侧有纵棱数条，棱间有明显的小横脉，网状，表面有毛或平滑。

【繁殖特性】花、果期4—10月。

细 叶 芹

【学名】*Chaerophyllum villosum*

【分布及危害】分布于云南、四川、西藏。生长在山涧林下及路旁草地；海拔2 100～2 800m。

【形态特征】一年生草本，高70～120cm。茎通常有外折的长硬毛。基生叶早落或久存；较下部的茎生叶阔卵形，长10～20cm，宽5～10cm，三出式的羽状分裂，一回羽片阔三角状披针形，长2.5～7cm，宽1.5～4cm，末回裂片卵形，细小，边缘有3～4细齿，两面疏生粗毛，有时表面无毛；叶柄长2.5～7cm，基部有鞘，鞘常有毛，叶脉5～11；托叶成三出式的二至三回羽状分裂，叶柄呈鞘状。复伞形花序顶生或腋生，总苞片通常无；伞辐2～5，长1.5～3.5cm；小总苞片2～6，线形，长1.5～4mm，宽1～1.5mm，脉1条，边缘疏生睫毛；小伞形花序有花9～13，其中雄花4～8，花梗长1～2mm；花瓣白色、淡黄色或淡蓝紫色，倒卵形，顶端有内折的小舌片；花丝与花瓣等长，花药卵形；两性花3～7，花瓣的大小、形状同雄花；花柱短于花柱基。双悬果线状长圆形，长7～9mm，宽1.5～2.5mm，顶端渐尖呈喙状，果棱5条，钝，表面无毛；果梗长3～6mm。

成 株

【繁殖特性】花、果期7—9月。

毒 芹

【学名】*Cicuta virosa*

【俗名】野芹菜

【分布及危害】分布于黑龙江、吉林、辽宁、内蒙古、河北、陕西、甘肃、四川、新疆等地。生于海拔400～2 900m的杂木林下、湿地或水沟边。在烟田危害轻。

【形态特征】多年生粗壮草本，高70～100cm。主根短缩，支根多数，肉质或纤维状。根状茎有节，内有横膈膜，褐色。茎单生，直立，圆筒形，中空，有条纹，基部有时略带淡紫色，上部有分枝，枝条上升开展。基生叶柄长15～30cm，叶鞘膜质，抱茎；叶片轮廓呈三角形或三角状披针形，长12～20cm，二至三回羽状分裂；最下部的一对羽片有1～3.5cm长的柄，羽片3裂至羽裂，裂片线状披针形或窄披针形，长1.5～6cm，宽3～10mm，表面绿色，背面淡绿色，边缘疏生钝或锐锯齿，两面无毛或脉上有糙毛，较上部的茎生叶有短柄，叶片的分裂形状同基生叶；最上部的茎生叶一至二回羽状分裂，末回裂片狭披针形，长1～2cm，宽2～5mm，边缘疏生锯齿。复伞形花序顶生或腋生，花序梗长2.5～10cm，无毛；总苞片通常无或有1线形的苞片；伞辐6～25，近等长，长2～3.5cm；小总苞片多数，线状披针形，长3～5mm，宽0.5～0.7mm，顶端长尖，中脉1条。小伞形花序有花15～35，花梗长4～7mm；萼齿明显，卵状三角形；花瓣白色，倒卵形或近圆形，长1.5～2mm，宽1～1.5mm，顶端有内折的小舌片，中脉1条；花丝长约2.5mm，花药近卵圆形，长约0.7mm，宽约0.5mm；花柱基幼时扁压，光滑；花柱短，长约1mm，向外反折。分生果近卵圆形，长、宽均2～3mm，合生面收缩，木栓质，每棱槽内有油管1，合生面有油管2；胚乳腹面微凹。

枝 叶

花 序

【繁殖特性】花、果期7—8月。

鸭儿芹

【学名】*Cryptotaenia japonica*

【分布及危害】分布于河北、安徽、江苏、浙江、福建、江西、广东、广西、湖北、湖南、山西、陕西、甘肃、四川、贵州、云南。通常生于海拔200～2 400m的山地、山沟及林下较阴湿的地区。

【形态特征】多年生草本，高20～100cm。主根短，侧根多数，细长。茎直立，光滑，有分枝，表面有时略带淡紫色。基生叶或上部叶有柄，叶柄长5～20cm，叶鞘边缘膜质；叶片轮廓三角形至广卵形，长2～14cm，宽3～17cm，通常为3小叶；中间小叶片呈菱状倒卵形或心形，长2～14cm，宽1.5～10cm，顶端短尖，基部楔形；两侧小叶片斜倒卵形至长卵形，长1.5～13cm，宽1～7cm，近无柄，所有的小叶片边缘有不规则的尖锐重锯齿，表面绿色，背面淡绿色，两面叶脉隆起，最上部的茎生叶近无柄，小叶片呈卵状披针形至窄披针形，边缘有锯齿。复伞形花序呈圆锥状，花序梗不等长，总苞片1，呈线形或钻形，长4～10mm，宽0.5～1.5mm；伞辐2～3，不等长，长5～35mm；小总苞片1～3，长2～3mm，宽不及1mm。小伞形花序有花2～4；花梗极不等长；萼齿细小，呈三角形；花瓣白色，倒卵形，长1～1.2mm，宽约1mm，顶端有内折的小舌片；花丝短于花瓣，花药卵圆形，长约0.3mm；花柱基圆锥形，花柱短，直立。分生果线状长圆形，长4～6mm，宽2～2.5mm，合生面略收缩，胚乳腹面近平直，每棱槽内有油管1～3，合生面有油管4。

成　株

花　枝

【繁殖特性】花期4—5月，果期6—10月。

孜然芹

【学名】*Cuminum cyminum*

【俗名】野茴香、孜然

【分布及危害】适应性较强，耐旱、怕涝。原产于中亚、伊朗一带，主要分布于印度、伊朗、土耳其、埃及、中国及中亚地区。

【形态特征】一年生或二年生草本，高20～40cm，全株（除果实外）光滑无毛。叶柄长1～2cm或近无柄，有狭披针形的鞘；叶片三出式二回羽状全裂，末回裂片狭线形，长1.5～5cm，宽0.3～0.5mm。复伞形花序多数，多呈二歧式分枝，伞形花序直径2～3cm；总苞片3～6，线形或线状披针形，边缘膜质，白色，顶端有长芒状的刺，有时3深裂，不等长，长1～5cm，反折；伞辐3～5，不等长；小伞形花序通常有7花，小总苞片3～5，与总苞片相似，顶端针芒状，反折，较小，长3.5～5mm，宽约0.5mm；花瓣粉红色或白色，长圆形，顶端微缺，有内折的小舌片；萼齿钻形，长超过花柱；花柱基圆锥状，花柱短，叉开，柱头头状。分生果长圆形，两端狭窄，长约6mm，宽约1.5mm，密被白色刚毛；每棱槽内有油管1，合生面有油管2，胚乳腹面微凹。

成　株

花　序

【繁殖特性】花期4月，果期5月。

野胡萝卜

【学名】 *Daucus carota*

【分布及危害】生于田野荒地、山坡、路旁。全国各地均有分布。

【形态特征】二年生草本，高 20 ～ 120cm。茎直立，表面有白色粗硬毛。根生叶有长柄，基部鞘状；叶片二至三回羽状分裂，最终裂片线形或披针形；茎生叶的叶柄较短。复伞形花序顶生或侧生，有粗硬毛，伞梗 15 ～ 30 枚或更多；总苞片 5 ～ 8，叶状，羽状分裂，裂片线形，边缘膜质，有细柔毛；小总苞片数枚，不裂或羽状分裂；小伞形花序有花 15 ～ 25 朵，花小，白色、黄色或淡紫红色，每一总伞花序中心的花通常有一朵为深紫红色；花萼 5，窄三角形；花瓣 5，大小不等，先端凹陷，成一狭窄内折的小舌片；子房下位，密生细柔毛，结果时花序外缘的伞辐向内弯折。双悬果卵圆形，分果的主棱不显著，次棱 4 条，发展成窄翅，翅上密生钩刺。

幼 苗

成 株

花 序

【繁殖特性】花期5—7月，果期7—8月。

天 胡 荽

【学名】*Hydrocotyle sibthorpioides*

【俗名】破铜钱

【分布及危害】生于湿润的路旁、沟边及林下。分布于辽宁、河南、江苏、浙江、安徽、湖南、江西、四川、湖北、福建、台湾、广东、广西、云南、贵州等地。在个别地区烟田发生，危害中等。

【形态特征】多年生草本。茎纤弱细长，匍匐，平铺地上成片，秃净或近秃净；茎节上生根。单叶互生，圆形或近肾形，直径0.5～1.6cm，基部心形，5～7浅裂，裂片短，有2～3个钝齿，表面深绿色，光滑，背面绿色；叶柄纤弱，长0.5～9cm。伞形花序与叶对生，单生于节上；伞梗长0.5～3cm；总苞片4～10枚，倒披针形，长约2mm；每伞形花序具花10～15朵，花无梗或有梗；萼齿缺乏；花瓣卵形，呈镊合状排列；绿白色。双悬果略呈心形，长1～1.25mm，宽1.5～2mm；分果侧面扁平，光滑或有斑点，背棱略锐。

茎 叶

成 株

【繁殖特性】花、果期4—9月。

肾叶天胡荽

【学名】*Hydrocotyle wilfordi*

【分布及危害】分布于浙江、江西、福建、广东、广西、四川、云南等地。生长在阴湿的山谷、田野、沟边、溪旁等处，海拔350～1 400m。

【形态特征】茎直立或匍匐，高15～45cm，有分枝，节上生根。叶片膜质至草质，圆形或肾圆形，长1.5～3.5cm，宽2～7cm，边缘不明显7裂，裂片通常有3钝圆齿，基部心形，或弯缺处开展成锐角，两面光滑或在背面脉上被极疏的短刺毛；叶柄长3～19cm，上部被柔毛，下部光滑或有疏毛；托叶膜质，圆形。花序梗纤细，单生于枝条上部，与叶对生，长过叶柄或等长；有时因嫩枝未延长，常有2～3个花序簇生节上；小伞形花序有多数花；花无梗或有极短的梗，密集成头状；小总苞片膜质，细小，具紫色斑点；花瓣卵形，白色至淡黄色。果实长1.2～1.8mm，宽1.5～2.1mm，基部心形，两侧扁压，中棱明显地隆起，幼时草绿色，成熟时紫褐色或黄褐色，有紫色斑点。

茎 叶　　　　　　　　　　　　　　果 枝

【繁殖特性】花、果期5—9月。

水 芹

【学名】*Oenanthe javanica*

【分布及危害】生于水边或浅水中。分布于全国各省区。

【形态特征】多年生草本，光滑无毛。茎匍匐性上升，下部节上生根。叶三角形或三角状卵形，长3～15cm，一至二回羽状裂，最终裂片卵形至卵状披针形，边缘有不整齐的圆锯齿；叶柄长2～15cm。复伞形花序顶生；花序梗长2～12cm；总苞片缺；伞幅6～16，长0.5～3cm，小总苞片2～8，线形；小伞形花序有花10～25；萼齿条状披针形，长与花柱相等；花瓣白色，倒卵形，先端有内折小舌片；花柱基圆锥形。双悬果椭圆形，长2.5～3mm，果棱肥厚，钝圆，侧棱较背棱和中棱隆起，木栓质；横切而近五角状半圆形；每棱槽内有油管1，合生面有油管2。

群　体

花　序

【繁殖特性】花期8—9月，果期10—11月。

小 窃 衣

【学名】*Torilis japonica*

【俗名】破子草

【分布及危害】生于山坡、路边、荒地草丛。国内分布于除黑龙江、内蒙古、新疆外的其他各地。

【形态特征】一年生草本。茎直立，高20～120cm，密被贴伏的短硬毛。叶片卵形，二至三回羽状全裂，最终小裂片条状披针形，两面疏生贴伏硬毛；下部叶有长柄，向上渐短，下部有窄膜质的叶鞘。复伞形花序顶生或腋生；花序梗长3～25cm，有倒生刺毛；总苞片3～6，长0.5～2cm，通常条形；伞幅4～12，长1～3cm，有向上的刺毛；小总苞片5～8，条形或钻形，长1.5～7mm；小伞形花序有花4～12；花梗短于小苞片；萼齿细小；花瓣白色、红色或蓝紫色，倒卵圆形，先端有内折的小舌片，外面中间至基部有贴伏的粗毛；花柱基扁平状或圆锥状。双悬果卵圆形，长1.5～4mm，密被钩状的皮刺；

群　体

枝 叶 　　　　　　　　　　　　　　花 序

成果初期 　　　　　　　　　　　　　果 实

每棱槽有1油管。

【繁殖特性】花期5—7月，果期8—9月。

窃 衣

【学名】*Torilis scabra*

【分布及危害】生于山坡、林下、河边、荒地及草丛中。分布于陕西、甘肃、江苏、安徽、浙江、江西、福建、台湾、湖北、湖南、广东、广西、四川、贵州等地。

【形态特征】一年生或多年生草本，高10～70cm。全株有贴生短硬毛。茎单生，有分枝，有细直纹和刺毛。叶卵形，一至二回羽状分裂，小叶片披针状卵形，羽状深裂，末回裂片披针形至长圆形，长2～10mm，宽2～5mm，边缘有条裂状粗齿至缺刻或分裂。复伞形花序顶生和腋生，花序梗长2～8cm；总苞片通常无，很少1，钻形或线形；伞辐2～4，长1～5cm，粗壮，有纵棱及向上紧贴的硬毛；小总苞片5～8，钻形或线形；小伞形花序有花4～12；萼齿细小，三角状披针形，花瓣白色，倒圆卵形，先端内

群 体

花 枝

花 序

果 实

折；花柱基圆锥状，花柱向外反曲。果实长圆形，长4～7mm，宽2～3mm，有内弯或呈钩状的皮刺，粗糙，每棱槽下方有油管1。

【繁殖特性】花、果期4—10月。

萝藦科（Asclepiadaceae）

多年生草本、灌木、藤本，稀为乔木，多具乳汁。叶对生或轮生，稀互生，全缘，叶柄顶端常具有丛生腺体。聚伞花序通常伞形；花5数，花冠合瓣，通常辐状；花药彼此粘生，花丝合生成管状，称合蕊冠，腹部与雌蕊粘生成中心柱，称合蕊柱，花药顶端常有膜片；花粉连结成块状，称花粉块，或四合花粉；子房上位，柱头基部5棱，胚珠多数。蓇葖果双生。种子顶端具一丛白色绢质种毛；胚直立，胚乳常稀少，软骨质。本科有杂草4属，11种，其中烟田杂草有4属，5种。

地梢瓜

【学名】*Cynanchum thesioides*
【俗名】地梢花、女青、羊角
【分布及危害】黑龙江、吉林、辽宁、内蒙古、河北、河南、山东、山西、陕西、甘肃、新疆和江苏等地有分布。对旱田烟草有一定危害，与烟草竞争营养，为烟草整个生长季一般性杂草。
【形态特征】
幼苗：种子萌发实生苗较少见。
成株：多年生草本或直立半灌木。地下茎单轴横生。茎自基部多分枝。叶对生或近

成　株　　　　　　　　　　　　　　　幼　果

对生, 线形, 叶背中脉隆起。伞形聚伞花序腋生; 花萼外面被柔毛; 花冠绿白色; 副花冠杯状, 裂片三角状披针形, 渐尖, 高过药隔的膜片。蓇葖果纺锤形, 先端渐尖, 中部膨大。种子扁平, 暗褐色; 种毛白色绢质。

【繁殖特性】花期5—8月, 果期8—10月。主要以根状茎繁殖。

萝 藦

【学名】*Metaplexis japonica*

【俗名】芄兰、斫合子、白环藤、羊婆奶、婆婆针落线包、羊角、天浆壳、蔓藤草、奶合藤、土古藤、浆罐头

【分布及危害】东北、华北、华东和甘肃、陕西、贵州、河南、湖北等地均有分布。对旱田烟草有一定危害, 与烟草竞争营养, 为烟草整个生长季一般性杂草。

【形态特征】

幼苗: 子叶出土幼苗。子叶矩圆形, 先端钝圆, 全缘, 叶基圆形, 羽状脉明显, 具叶柄。下胚轴特别发达, 上胚轴发达, 绿色。初生叶2片, 对生, 单叶, 卵形, 先端急尖, 全缘, 叶基圆形, 羽状脉明显, 具长柄, 后生叶与初生叶相似。

萌蘖苗

幼 苗

成株：多年生草质藤本，长达8m，具乳汁。茎圆柱状，下部木质化，上部较柔韧，表面淡绿色，有纵条纹，幼时密被短柔毛。叶膜质，卵状心形，顶端短渐尖，基部心形，叶耳圆，叶背粉绿色。总状聚伞花序腋生或腋外生，具长花序梗；花冠白色，有淡紫红色斑纹，近辐状，花冠筒短，花冠裂片披针形；副花冠环状，着生于合蕊冠上，短5裂，裂片兜状。蓇葖果双生，纺锤形，平滑无毛，顶端急尖，基部膨大。种子扁平，卵圆形，有膜质边缘，褐色，顶端具白色绢质种毛。

花

成　株

果

【繁殖特性】花期6—9月，果期9—12月。种子和根状茎繁殖。

杠　柳

【学名】*Periploca sepium*
【俗名】羊奶条、北五加皮、羊角桃、羊桃

【分布及危害】辽宁、内蒙古、北京、河北、山西、陕西、甘肃、青海、山东、上海、浙江、江西、湖北、广西、重庆、四川、贵州等地均有分布。对旱田烟草均有一定危害，与烟草竞争营养，为烟草整个生长季一般性杂草。

【形态特征】

幼苗：极少见。

成株：落叶蔓性灌木，长可达1.5m。主根圆柱状，外皮灰棕色，内皮浅黄色。茎皮灰褐色；小枝通常对生，有细条纹，具皮孔。叶卵状长圆形，顶端渐尖，基部楔形，叶面深绿色，叶背淡绿色。聚伞花序腋生，着花数朵；花冠紫红色，辐状，中间加厚呈纺锤形，反折，内面被长柔毛，外面无毛；副花冠环状，10裂，其中5裂延伸丝状被短柔毛，顶端向内弯。蓇葖果2，圆柱状，无毛，具纵条纹。种子长圆形，黑褐色，顶端具白色绢质种毛。

成　株

果

花

【繁殖特性】花期5—6月，果期7—9月。种子和根蘖繁殖。

鹅绒藤

【学名】*Cynanchum chinense*

【俗名】祖子花、羊奶角角、牛皮消

【分布及危害】我国北方各地均有分布。对旱田烟草有一定危害，与烟草竞争营养，为烟草整个生长季一般性杂草。

【形态特征】

幼苗：子叶出土幼苗。子叶矩长椭圆形，先端钝圆，全缘，叶基近圆形，有明显羽状脉，具叶柄。上、下胚轴特别发达，紫红色。初生叶2片，对生，单叶，卵状披针形，先端急尖，全缘，叶基略心形，有明显羽状脉，具叶柄；后生叶与初生叶相似。幼苗全株光滑无毛。

成株：多年生草本，全株被短柔毛。根圆柱形，灰黄色。茎缠绕，多分枝。叶对生，宽三角状心形，先端渐尖，基部心形，全缘，具长2～5cm的叶柄。伞状聚伞花序腋生，具多花；花萼5深裂，裂片披针形，花冠白色，辐状，具5深裂，裂片为条状披针形；副花冠杯状，外轮5浅裂，裂片三角形，裂片间具5条丝状体，内轮具5条较短的丝状体；花粉块每室1个，下垂；柱头近五角形。蓇葖果圆柱形。种子矩圆形，黄棕色，顶端具白绢状种毛。

叶与花序

花

【繁殖特性】花期6—7月，果期8—9月。种子繁殖。

茜草科（Rubiaceae）

乔木、灌木或草本。直立、匍匐或攀缘状，枝有时有刺。叶为单叶，对生或轮生，通常全缘；托叶变化很大，宿存或早落。花两性，稀单性，通常辐射对称，稀两侧对称；单生或组成各种花序，花萼筒与子房合生，檐部杯形或筒形，先端全缘或5裂，有时其1片扩大成叶状；花冠筒状、漏斗状、高脚碟状或辐状，通常4～6裂；雄蕊数与花冠裂片同数，稀为2，着生于花冠筒内；子房下位，1～10室，以2室为多，柱头单一或2至多裂，每室胚珠1至多数。果为蒴果、浆果或核果。本科约500属，6 000多种，分布于热带和亚热带，少数分布在温带地区。我国有71属，490余种，全国各地均有分布。

猪 殃 殃

【学名】*Galium spurium*

【俗名】拉拉藤

【分布及危害】生于山坡、路边草丛。分布于全国各地。

【形态特征】一年生蔓性或攀缘状草本。茎具4棱，棱上有倒刺。叶6～8片轮生，条状倒披针形，长1.5～3cm，宽2～4mm，先端有刺状尖头，基部渐狭，全缘，背面中脉及叶缘有倒生刺毛，中脉1条，叶片纸质或近膜质，近无柄。聚伞花序顶生或腋生，单生，稀2～3个簇生，有3～10花；花梗纤细，长3～10mm；花萼有钩状毛，檐部近截平；花冠辐状，黄绿色，4裂，裂片长圆形，长不及1mm；雄蕊伸出。果实干燥，密被钩毛，果梗直，有1或2近球状的果片，每1果片有1种子。

幼　苗

成　株

【繁殖特性】花期4月，果期5—7月。

四 叶 葎

【学名】*Galium bungei*

【分布及危害】生于林下、山沟边阴湿地。分布于全国各地。

【形态特征】多年生小草本。茎直立，具4棱，近无毛。叶4片轮生，卵状长圆形至披针状长圆形，长2～2.5cm，先端钝，叶缘及下面中脉有刺毛。聚伞花序顶生和腋生，稠密或稍疏散，花小，有短梗；花萼有短毛，檐部平截；花冠淡黄绿色，直径约2mm，裂片4；雄蕊伸出。果瓣双生，球形，黑色，有小鳞片。

群 体

花 序

【繁殖特性】花期5—7月，果期8—9月。

白花蛇舌草

【学名】*Hedyotis diffusa*

【分布及危害】生长于海拔800m的地区，多生长于山地岩石上，多见于水田、田埂和湿润的旷地。分布于福建、广东、香港、广西、海南、安徽、云南等地。

【形态特征】一年生披散草本，高15～50cm。根细长，分枝，白花。茎略带方形或扁圆柱形，光滑无毛，从基部发出多分枝。叶对生，无柄，膜质，线形，长1～3cm，宽1～3mm，顶端短尖，边缘干后常背卷，表面光滑，背面有时粗糙；中脉在背面下陷，侧脉不明显；托叶膜质，基部合生成鞘状，长1～2mm，尖端芒尖。花单生或成对生于叶腋，常具短而略粗的花梗，稀无梗；萼筒球形，4裂，裂片长圆状披针形，长1.5～2mm，边缘具睫毛；花4数，单生或双生于叶腋；花梗略粗壮，长2～5mm，罕无梗或偶有长达10mm的花梗；花冠白色，漏斗形，长3.5～4mm，先端4深裂，裂片卵状长圆形，长约2mm，秃净；雄蕊4，着生于冠筒喉部，与花冠裂片互生，花丝扁，花药卵形，背着，2室，纵裂；子房下位，2室。花柱长2～3mm，柱头2裂，裂片广展，有乳头状凸点。蒴果膜质，扁球形，直径2～2.5mm，室背开裂，花萼宿存，萼管球形，长约1.5mm，萼檐裂片长圆状披针形，长1.5～2mm，顶部渐尖，具缘毛；每室约有10粒种子。种子具棱，干后深褐色，细小，有深而粗的窝孔。

群　体　　　　　　　　　　　　　　　　成　株

【繁殖特性】花期在春季。种子繁殖。

鸡 矢 藤

【学名】*Paederia foetida*

【俗名】鸡屎条子

【分布及危害】生于山坡、山谷、路边灌草丛。国内分布于长江流域及以南各地。

【形态特征】缠绕性藤本，揉碎有臭味。茎无毛或稍有微毛。叶对生，叶片形状变化很大，通常为卵形、卵状长圆形至披针形，先端渐尖，基部楔形、圆形至心形，全缘，两面无毛或仅下面稍有短柔毛；托叶三角形，有缘毛，早落；叶柄长

茎叶、果实及花序

1.5 ~ 7cm。聚伞花序排成顶生的大型圆锥花序或腋生而疏散少花，末回分枝常延长，一侧生花；花萼钟状，萼齿三角形；花冠筒长约1cm，外面灰白色，内面紫红色，有茸毛，5裂；雄蕊5，花丝与花冠筒贴生；子房2室，花柱2，基部合生。核果球形，淡黄色，直径约6mm。

【繁殖特性】花期8月，果期10月。

茜 草

【学名】*Rubia cordifolia*

【分布及危害】适应性较强，在旱作物地及果园常见，草丛、灌丛、村边、路旁都有生长，尤其对果树危害较重，缠绕在果树上可使其生长不良，以致减产。分布于我国（自东北至华南）大部分地区。本种分布广，变异大，根据叶形等特征可分出多个变种。

【形态特征】

幼苗：种子留土萌发，下胚轴不伸长，上胚轴非常发达，具4棱，其下半部带红色，无毛。初生叶4片，2片较大，2片较小，轮生，叶片呈卵状披针形，长约0.5cm，先端锐尖，全缘，基部近圆形，叶上面有短毛，叶缘生有睫毛；具短柄或近无柄。

成株：多年生攀缘草本。根赤黄色。茎有明显4棱，棱上生有倒刺。叶常4片轮生，纸质；叶片卵形至卵状披针形，长4 ~ 9cm，宽可达4cm，先端渐尖，基部圆形至心形，表面粗糙，背面脉上和叶柄常有倒生小刺，基出3脉或5脉；叶柄长1 ~ 10cm。聚伞花序通常排成大而疏松的圆锥花序，腋生和顶生，花萼筒近球形，无毛；花冠黄白色或白色，辐状，5裂；雄蕊5，着生于花冠筒上，花丝极短；子房2室，无毛，花柱2，柱头头状。浆果近球形，直径约5mm，黑色或紫黑色；内有1种子。

茎 叶

【繁殖特性】花期6—7月，果期9—10月。种子及根茎繁殖。

菊科（Asteraceae）

多为草本，我国烟田菊科杂草均为草本，部分有乳汁。叶常互生，无托叶。头状花序单生或再排成各种花序；头状花序主要组成部分为无柄小花、花序托（扁平至半球形）和总苞（花序外围的一至多层总苞片）。花萼退化，或变态为冠毛（毛状、刺状或鳞片状）；花冠合瓣，管状（见于管状花）、舌状（见于舌状花和假舌状花），稀唇形或漏斗状；雄蕊5，花丝下部与花冠筒合生，花药合生成筒状，称聚药雄蕊。柱头2裂，子房下位，1室，基生1胚珠。头状花序中小花同型（均为管状花或舌状花）或异型（花序边缘花常为假舌状花，中央的盘花是管状花）。舌状花两性；假舌状花雌性，稀中性；管状花常两性，稀单性。极少雌雄异序或异株。下位瘦果顶常具有利于果实传播的冠毛（毛状、钩刺状），或裸露。菊科是被子植物中最大的科，有1 600～1 700个属，约24 000种，全球分布（除南极洲外）。我国菊科植物约有248属，2 300多种，许多为烟田杂草，而且有些是外来入侵物种，如紫茎泽兰（*Ageratina adenophora*）、藿香蓟（*Ageratum conyzoides*）、大狼杷草（*Bidens frondosa*）。

紫茎泽兰

【学名】*Ageratina adenophora*

【俗名】破坏草

【分布及危害】入侵杂草。现在我国云南、贵州、四川、广西、重庆、湖北、西藏等地广泛分布。其生长优势明显，生态适应性广阔，与周围植物争阳光、肥料，并分泌化感物质抑制植物生长，直至死亡，若入侵烟田将是烟草的恶性杂草。

【形态特征】

幼苗：子叶匙形，先端圆，基部渐狭成柄。初生叶对生，卵形，叶缘具锯齿，叶片长约3cm，宽约2cm，基出3脉明显，叶柄长约0.5cm，被粗毛。

成株：多年生草本或半灌木。茎紫色，直立，高30～90cm，分枝对生，斜上。叶对生，叶片质薄，卵形、三角形或菱状卵形，表面绿色，背面色浅，边缘有稀疏粗大而不规则的锯齿，在花序下方则为波状浅锯齿或近全缘，基出3脉明显。头状花序

幼　苗

多数，在茎顶排列成伞房状或复伞房状，小花40～50朵，全为筒状花，两性，淡紫色或白色。瘦果长圆柱状，略弯，黑褐色，有棱，冠毛白色。

群 体

单 株

群 体

【繁殖特性】花期11月至翌年4月，果期3—4月。繁殖力极强，传播速度快，是强入侵性物种。具有长久性土壤种子（瘦果）库，瘦果繁殖。也可用根茎进行克隆生长（营养繁殖）。果实传播途径多，有风播、流水传播、动物传播等。

黄 花 蒿

【学名】*Artemisia annua*

【俗名】青蒿、黄蒿、臭黄蒿（内蒙古）、黄香蒿、野茼蒿（江苏）、秋蒿、香苦草、野苦草（上海）、苦蒿（四川、云南）、麦蒿。

【分布及危害】遍及全国。生长在路旁、荒地、山坡、林缘等处，也见于草原、森林草原、干河谷、半荒漠、砾质坡地以及盐渍化的土壤。在烟田危害程度中等至轻微。

【形态特征】

幼苗：子叶2，出土，矩圆形，叶柄基部连合初生叶，全缘，椭圆形，对生；初生叶一回羽裂。

成株：一年生草本。植株有浓烈的挥发性香气。茎单生，高100～200cm，多分枝。茎下部叶宽卵形或三角状卵形，长3～7cm，宽2～6cm，三（至四）回栉齿状羽状深裂，每侧有裂片5～8(～10)枚；裂片长椭圆状卵形，再次分裂；小裂片边缘具多枚栉齿状三角形或长三角形的深裂齿，裂齿长1～2mm，宽0.5～1mm，中肋明显，在叶面上稍隆起，中轴两侧有狭翅而无小栉齿，稀上部有数枚小栉齿，叶柄长1～2cm，基部有半抱茎的假托叶。中部叶二（至三）回栉齿状的羽状深裂，小裂片栉齿状三角形，稀为细短狭线形，具短柄。上部叶与苞片叶一（至二）回栉齿状羽状深裂，近无柄。头状花序球形，多数，直径1.5～2.5mm，有短梗，下垂或倾斜，基部有线形的小苞叶，在分枝上排成总状或复总状花序，并在茎上组成开展、尖塔形的圆锥花序。花深黄色，边缘雌花10～18朵，花冠狭管状；中央两性花10～30朵，结实或中央少数花不结实，花冠管状。瘦果小，椭圆状卵形，略扁。

幼苗1　　　　　　　　　　　　　　　　幼 株

幼苗2

植株

【繁殖特性】花、果期8—11月。种子繁殖。

野艾蒿

【学名】*Artemisia lavandulaefolia*

【俗名】野艾、小叶艾、狭叶艾（河北）、艾叶（江苏）、苦艾（广西）、陈艾（四川）

【分布及危害】分布黑龙江、吉林、辽宁、内蒙古、河北、山西、陕西、甘肃、山东、江苏、安徽、江西、河南、湖北、湖南、广东（北部）、广西（北部）、四川、贵州、云南等地。多生于低海拔或中海拔地区的田间、路旁、林缘、山坡、草地、山谷、灌丛及河湖滨草地等。为烟田常见杂草。

【形态特征】多年生草本，有时为半灌木状，植株有香气。茎少数，成小丛，稀少单生，高50～120cm，具纵棱，分枝多；茎枝被灰白色蛛丝状短柔毛。叶纸质，上面初时疏被灰白色蛛丝状柔毛，后毛稀疏或近无毛，背面除中脉外密被灰白色密绵毛；基生叶与茎下部叶宽卵形或近圆形，长8～13cm，宽7～8cm，二回羽状全裂或第一回全裂、第二回深裂，具长柄，花期叶萎谢；中部叶卵形、长圆形或近圆形，长6～8cm，宽5～7cm，（一至）二回羽状全裂或第二回为深裂，每侧有裂片2～3，裂片椭圆形或长卵形，长3～7cm，宽5～9mm，每裂片具2～3线状披针形或披针形的小裂片或深裂齿，长3～7mm，宽2～5mm，

幼株

163

先端尖，边缘反卷，叶柄长1～3cm，基部有小型羽状分裂的假托叶；上部叶羽状全裂，具短柄或近无柄；苞片叶3全裂或不裂，裂片或不裂的苞片叶为线状披针形或披针形，先端尖，边反卷。头状花序极多数，椭圆形或长圆形，直径2～2.5mm，有短梗或近无梗，具小苞叶，在分枝的上半部排成密穗状或复穗状花序，并在茎上组成狭长或中等开展，稀为开展的圆锥花序，花后头状花序多下倾；雌花4～9朵；两性花10～20朵，花冠管状，檐部紫红色。瘦果长卵形或倒卵形，长不及1mm，无毛。

【繁殖特性】花、果期8—10月。瘦果繁殖。

成　株

宽伞三脉紫菀

【学名】*Aster ageratoides* var. *laticorymbus*

【分布及危害】分布于云南、贵州、四川、重庆、广西、广东、湖南、湖北、江西、安徽、浙江、福建、江苏。见于林缘、荒地、路旁、山坡，偶见于田间，喜生于半阴处。在烟田危害较轻。

【形态特征】

幼苗：实生苗的子叶出土。子叶阔椭圆形，具短柄；初生叶卵形，被短柔毛，具离基三出脉。通过横走根状茎营养繁殖形成的幼苗常成片分布，基生排成莲座状叶，叶柄长，叶基下延成窄翅。

成株：多年生草本。横走根状茎发达，白色或紫红色。地上茎直立，单生或丛生，

果　实

花　序

实生苗

越冬苗

高30～200cm，上部有伞房状分枝。叶长圆状披针形、卵状披针形，被疏短毛，具离基三出脉，长5～15cm，宽3～10cm。中下部叶在花期枯萎。头状花序直径1.5～3cm，常排成大型圆锥花序状；总苞片3～5层，宽约1mm；假舌状花舌片常白色，管状花黄色。瘦果倒卵状长圆形，灰褐色，长约2mm，有边肋，常一面有肋，被短毛。

【繁殖特性】花、果期8—12月。种子繁殖，风播；借横走地下茎进行营养繁殖（克隆生长），易成片分布。

大狼杷草

【学名】*Bidens frondosa*

【俗名】狼杷草

【分布及危害】原产于北美，为外来入侵物种；现广布于我国各地。阳生，喜湿。生于山坡、路边、田野。常群生，形成单优势种纯群落，或为一些群落的亚优势种、伴生种。在烟田危害较严重至轻微。

【形态特征】

幼苗：出土子叶倒披针形。上、下胚轴均发达。第一对初生叶3深裂。

成株：一年生草本。株高20～120cm，被疏毛或无毛，茎常带紫色。叶对生，无毛，为一回羽状复叶；小叶3～5枚，披针形，长3～10cm，宽1～3cm，先端渐尖，边缘有粗锯齿，通常背面被稀疏短柔毛，至少顶生者具明显的柄，叶柄有狭翅。头状花序单生于茎端和枝端；外层总苞片叶状，5～10枚，通常8枚，披针形或匙状倒披针形，具缘毛。假舌状花无或极不明显；筒状花两性，花冠黄色，5裂；冠毛（萼片）2，稀3～4，芒刺状，两侧有倒刺毛。瘦果扁平，狭楔形，长5～10mm，近无毛或具糙伏毛，顶端具芒刺2枚，长约2.5mm，有倒刺毛。

成　株

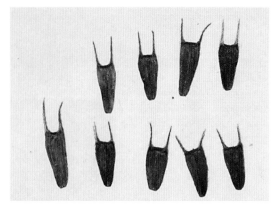

果　实

花序：示外层叶状总苞片

小花及其托片（苞片）

幼　苗

植　株

【繁殖特性】在温带地区，于5—6月出苗，一周左右即开始抽茎，7—8月开花，8—9月结实；在亚热带地区，4月下旬以后出苗，6—8月中旬分枝，8月中旬至9月孕蕾开花，9—10月结果。瘦果能借风力、水流向外传播。也能挂附在动物和人体上进行传播。

鬼 针 草

【学名】*Bidens pilosa*

【俗名】三叶鬼针草、蟹钳草（广东、广西）、粘人草、对叉草、粘连子（云南）、一包针（江苏、浙江）、豆渣草、豆渣菜（四川、陕西）

【分布及危害】广布于我国华东、华中、华南、西南等地。入侵性非常强，造成土壤肥力下降，对烟草生长环境造成严重影响。

【形态特征】

幼苗：子叶出土，长披针形。上、下胚轴均明显。第一对初生叶常3裂。

成株：一年生草本。株高25～150cm。叶对生，中部叶常为三出复叶，稀小叶5～7；侧生小叶卵状椭圆形或椭圆形，长2～4.5cm，宽1.5～2.5cm，先端锐尖，顶生小叶较大，长3.5～7cm，长3.5～7cm，长椭圆形或卵状长圆形；茎上部和下部叶较小，3裂或不裂。头状花序，直径8～9cm，排成顶生疏伞房状花序；总苞片2层；边缘假舌状花3～8枚，常白色；中央管状花20～80枚，花冠黄色。瘦果条形，长7～13mm，常有4条纵棱，棱上具刺或无刺，深褐色至黑色；顶端冠毛为2～4条具倒刺毛的芒刺。

幼 苗

群 体

成　株

茎　叶

头状花序

花序和果序

舌状花、筒状花及瘦果

【繁殖特性】鬼针草属植物植株高大，根系发达，每植株可产生数个到十余个匍匐状枝。在自然生境中以有性繁殖为主，一年多次种子成熟。每分枝上可产数十到数百个头状花序。瘦果量大，发芽率高，无休眠期，果顶的芒状冠毛具倒钩，可附着于人类和动物身体远距离散布繁殖。

飞 廉

【学名】*Carduus crispus*

【俗名】丝毛飞廉

【分布及危害】全国各地均有分布。生于荒野、路旁、田间等处，较耐干旱。

【形态特征】

幼苗：子叶阔椭圆形，长约11mm，宽约7mm，先端钝圆，叶基圆形，中脉1条，具短柄。下胚轴较粗壮，粉红色，无毛，上胚轴不发育。初生叶1片，阔椭圆形，先端钝尖，叶缘有刺状粗齿，叶基楔形，中脉1条，无毛，具叶柄；后生叶与初生叶相似。

成株：多年生草本，株高40～150cm。茎直立，有条棱，上部或头状花序下方有蛛丝状毛或蛛丝状绵毛。下部茎生叶椭圆形、长椭圆形或倒披针形，长5～18cm，宽1～7cm，羽状深裂或半裂，侧裂片7～12对，边缘有大小不等的三角形刺齿，齿顶及齿缘有浅褐色或淡黄色的针刺。全部茎生叶两面异色，表面绿色，沿脉有稀疏多细胞节毛，背面灰绿色或浅灰白色，被薄蛛丝状绵毛，基部渐狭，两侧沿茎下延成茎翼，茎翼边缘齿裂，齿顶及齿缘有针刺。头状花序梗极短，常3～5个集生；总苞卵形或卵球形，直径1.5～2.5cm；中外层总苞片顶针刺状；花同型，管状，红色或紫色，长约1.5cm，花冠5深裂，裂片线形。瘦果稍压扁，楔状椭圆形，宽约4mm，顶端斜截形，有软骨质果

花 枝

头状花序

小　花

成　株

缘；无锯齿。冠毛多层，白色，不等长，呈锯齿状，长达1.3cm，顶端扁平扩大，基部连合成环，整体脱落。

【繁殖特性】花期6—7月，果期8—9月。种子繁殖。

天名精

【学名】*Carpesium abrotanoides*

【俗名】野烟叶（湖南）

【分布及危害】分布于华东、华南、华中、西南各地及河北、陕西等地。生于村旁、路边荒地、溪边及林缘。在烟田危害中等至轻微。

【形态特征】多年生粗壮草本，高50～80cm。茎直立，上部多分枝。叶面粗糙；基部叶宽椭圆形，花后凋落；下部叶互生，稍有柄，宽椭圆形、长椭圆形，长9～12cm，宽6.5～12cm，顶端尖或钝，全缘或有不规则的锯齿，深浅不等，表面绿色较深；上部叶长椭圆形，无柄，向上逐渐变小。头状花序多数，近无梗，成穗状花序状排列；总苞钟形或半球形，直径7～10mm；头状花序边缘雌花狭筒状；中央两性花筒状。瘦果长约3.5mm，有纵沟多条，顶端有短喙，无冠毛。

幼　株　　　　　　　　　　　　　　　成　株

【繁殖特性】花、果期6—10月。种子繁殖。瘦果通过附着于动物身体或人衣物上而传播。

石 胡 荽

【学名】*Centipeda minima*

【俗名】球子草、鹅不食草

【分布及危害】分布于我国各地，见于潮湿的环境，如田间、池塘边、路旁和荒野湿地。在烟田发生量小，危害轻，是常见杂草。

【形态特征】一年生小草本。茎多分枝，高5～20cm，匍匐状。叶互生，楔状倒披针形，长7～18mm，顶端钝，基部楔形，边缘有少数锯齿，无叶柄。头状花序小，扁球形，直径约3mm，单生于叶腋，无花序梗或极短；总苞半球形；总苞片2层，椭圆状披针形，绿色，边缘透明膜质，外层较大。花异型，边缘花雌性，多层，花冠细管状，长

叶　片

头状花序纵切

头状花序

成 株

约0.2mm，淡绿黄色，顶端2～3微裂；中央花两性，花冠管状，长约0.5mm，顶端4深裂，淡紫红色，下部有明显的狭管。瘦果椭圆形，长约1mm，具4棱，棱上有长毛，无冠状冠毛。

【繁殖特性】花、果期6—11月。种子繁殖。瘦果多、小而轻。

刺 儿 菜

【学名】*Cirsium arvense* var. *integrifolium*

【俗名】小蓟、野红花

【分布及危害】除西藏、云南、广东、广西外，几乎遍布全国各地。分布于平原、丘陵和山地。生于山坡、河旁或荒地、田间。在一些地区（如湖南西北部）为烟田优势杂草。

【形态特征】

幼苗：子叶2，出土，长椭圆形；下胚轴发达，上胚轴不发育。早期真叶长椭圆形，叶缘具刺和刺毛。

成株：多年生草本。茎直立，高30～120cm，无毛或被蛛丝状毛；根状茎长。叶椭圆形、长椭圆形或椭圆状倒披针形，长7～15cm，宽1.5～2.5cm，两面被或疏或密的蛛丝状毛，叶缘有刺齿和细密贴伏的针刺；无柄。头状花序单生于茎顶，或植株含少数或多数头状花序，在茎枝顶端排成伞房花序状；花序托具稠密的长托毛；总苞片约6层，覆瓦状排列，顶端具短针刺；雌全异株，即分雌性和两性植株；雌花和两性花的花冠均管状，紫红色，管部细丝状；冠毛羽状，污白色，多层，整体脱落。瘦果淡黄色，椭圆形或偏斜椭圆形，压扁，长约3mm，宽约1.5mm，顶端斜截形。

成　株　　　　　　　　群　体　　　　　　　　幼　株

瘦果（冠毛已脱落）　　　　头状花序　　　　　　幼　苗

【繁殖特性】花、果期5—10月。种子繁殖。瘦果虽然有冠毛，但易整体脱落，并不依赖风远距离传播。

大　蓟

【学名】*Cirsium japonicum*

【俗名】蓟、刺蓟菜

【分布及危害】河北、山东、陕西、江西、江苏、浙江、云南、湖北、湖南、福建、贵州、广西、广东、四川等地，见于海拔400～2 100m的地区，一般生于荒地、草地、山坡林中、路旁、灌丛中、田间、林缘及溪旁。在烟田危害中等至轻微。

【形态特征】多年生草本。块根纺锤状或萝卜状。茎直立，高30～150cm，全部有条棱。基生叶丛生，羽状深裂，边缘齿状，齿端具针刺，表面疏生白丝状毛，背面脉上有长毛；茎生叶互生，羽状深裂，基部心形抱茎。头状花序单生，少数聚生于茎顶，总苞片约6层，内层总苞片顶端长渐尖，有长1～2mm的针刺。瘦果压扁，偏斜楔形倒披针

头状花序

花　枝

植　株

形，长约4mm，宽约2.5mm，顶端斜截形。冠毛浅褐色，多层，羽状，长达2cm。

【繁殖特性】花、果期4—11月。种子繁殖。

尖裂假还阳参

【学名】*Crepidiastrum sonchifolium*

【俗名】抱茎苦荬菜

【分布及危害】分布于我国辽宁、陕西、山东、河南、湖北、四川、贵州等地。见于田边、路旁、山坡草地、河边、溪边及疏林下，为果园和田间常见杂草。

【形态特征】

幼苗：幼苗浅绿色，折断有白浆。下胚轴不发达。子叶长约0.4cm，卵圆形，叶背面紫红色，具短柄。初生叶1片，椭圆形或近圆形，叶表面具短柔毛，叶缘有稀疏小齿；后生叶形状变化大，茎生叶基部抱茎。

成株：多年生草本。全体含乳汁。茎高20～100cm，中上部多分枝，无毛。茎生叶卵形，长3～9cm，宽2～4cm，无柄，叶缘有齿，基部圆形耳状抱茎。头状花序在枝顶或上部叶腋排成伞房状，有细梗；总苞长4.5～6.5cm，外层总苞片短于0.5mm，内

根

成株

层总苞片7～8枚；舌状花黄色，12～20枚。瘦果纺锤形，长约2.5mm，黑褐色；喙长0.4～1.8mm；冠毛白色，长2～3mm。

【繁殖特性】花期4—8月，果期5—9月。种子繁殖。瘦果风播。

鱼眼草

【学名】*Dichrocephala auriculata*

【俗名】馒头草、口疮叶、地苋菜（云南）、帕滚姆（傣名）、胡椒草（贵州）

【分布及危害】主要分布于华南、西南、华中和华东。生于田边、路旁、水沟边、山坡林下。中生性杂草，在烟田危害中等或较轻。

【形态特征】一年生草本，直立或铺散，高6～50cm。茎通常粗壮，单生或簇生；茎枝被白色长或短茸毛。叶卵形，长倒卵形，椭圆形或披针形；中部茎生叶长3～12cm，宽1.5～4.5cm，羽裂或大头羽裂，侧裂片1～3对；自中部向上或向下的叶渐小，同形。头状花序小，球形，在枝端或茎顶排列成疏松或紧密的伞房状花序或伞房状圆锥花序。总苞片1～2层，膜质，长约1mm；外围白色雌花多层，顶端通常2齿；中央两性花黄绿色，少数，顶端4～5齿。瘦果压扁，倒披针形，边缘脉状加厚。无冠毛，或两性花瘦果顶端有1～2个细毛状冠毛。

成 株

植 株

头状花序纵切

头状花序

【繁殖特性】花、果期全年。种子繁殖。

鳢 肠

【学名】*Eclipta prostrata*

【俗名】墨旱莲、旱莲草

【分布及危害】分布于全国各地。生于河边、田边或路旁。在烟田危害严重至轻微。

【形态特征】

幼苗：2子叶出土，椭圆形至近圆形，叶片与叶柄近等长。上、下胚轴均十分发达。第一对初生叶狭椭圆形，叶柄明显。

成株：一年生草本。茎直立，斜升或平卧，高达60cm，通常自基部分枝，被贴生糙

成 株

茎断面皮层变深蓝

群 体

瘦 果

花 序

幼 苗

毛，茎被折断后，可见断面皮层迅速变为深蓝色。叶长圆状披针形或披针形，无柄或有极短的柄，长3～10cm，宽0.5～2.5cm，顶端尖或渐尖，边缘有细锯齿或有时仅波状，两面被密硬糙毛。头状花序直径6～8mm，有长2～4cm的细花序梗；总苞球状钟形，总苞片绿色，草质，5～6个排成2层，长圆形或长圆状披针形，外层较内层稍短，背面及边缘被白色短伏毛；外围的假舌状花2层，舌状，长2～3mm，舌片短，顶端2浅裂或全缘；中央的管状花多数，花冠管状，白色，长约1.5mm，顶端4齿裂；花柱分枝钝，有乳头状突起。瘦果暗褐色，长约2.8mm，假舌状花发育成的瘦果具3棱，来自管状花的瘦果扁，具4棱，顶端截形，具1～3个细齿，基部稍缩小，边缘具白色的肋，表面有小瘤状突起，无毛。

【繁殖特性】花、果期6—10月。种子繁殖。

一 点 红

【学名】*Emilia sonchifolia*

【俗名】叶下红、羊蹄草、红背叶

【分布及危害】分布于云南、贵州、四川、湖北、湖南、江苏、浙江、安徽、广东、海南、福建、台湾。常生于山坡荒地、田埂、路旁。在烟田危害较轻。

【形态特征】

幼苗：子叶出土，卵圆形，长约9mm，宽约6mm，全缘，具长柄。下胚轴长，紫红色，上胚轴不发育。初生叶互生，具长柄。

成株：一年生草本。根垂直。茎直立或斜升，高25～40cm，稍弯，通常自基部分枝，灰绿色，无毛或被疏短毛。叶质较厚，下部叶密集，大头羽状分裂，长5～10cm，宽2.5～6.5cm，顶生裂片大，侧生裂片通常1对，长圆形或长圆状披针形，顶端钝或尖，具波状齿，表面深绿色，背面常变紫色；中部茎生叶疏生，较小，卵状披针形或长圆状披针形，无柄，基部叶箭状抱茎，顶端急尖，全缘或有不规则细齿；上部叶少数，线形。头状花序长约8mm，后伸长达14mm，在开花前下垂，花后直立，通常2～5，在枝端排列成疏伞房状；花序梗细，长2.5～5cm，无苞片，总苞圆柱形，长8～14mm，宽5～8mm，基部无小苞片；总苞片1层，8～9，长圆状线形或线形，黄绿色，约与小花等长，顶端渐尖，边缘窄膜质，背面无毛；小花粉红色或紫色，长约9mm，管部细长，檐部渐扩大，具5深裂。瘦果圆柱形，长3～4mm，具5棱，肋间被微毛；冠毛丰富，白色，细软。

成　株

头状花序   头状花序、果序

【繁殖特性】花、果期7—10月。种子繁殖，风播。

一年蓬

【学名】*Erigeron annuus*

【俗名】千层塔（江西）、野蒿（江苏）

【分布及危害】原产于北美，为入侵物种。几乎遍布全国各地。生于田间、路旁、荒地，极常见。在烟田危害严重至轻微。

【形态特征】

幼苗：子叶2，出土，叶片椭圆形，柄与叶片近等长。下胚轴不发达，上胚轴不发育。初生叶莲座状基生。

幼　苗

成株：一年生或二年生草本。茎粗壮，高30～100cm，被硬毛，上部有分枝。基部叶花期枯萎，长圆形或宽卵形，少有近圆形，长4～17cm，宽1.5～4cm，或更宽，顶端尖或钝，基部狭成具翅的长柄，边缘具粗齿，下部叶与基部叶同形，但叶柄较短，中部和上部叶较小，长圆状披针形或披针形，长1～9cm，宽0.5～2cm，顶端尖，具短柄或无柄，边缘有不规则的齿或近全缘，最上部叶线形，全部叶边缘被短硬毛，两面被疏短硬毛，或有时近无毛。头状花序数个或多数，排列成疏圆锥花序，长6～8mm，宽10～15mm，总苞半球形，总苞片3层。外围假舌状花2层，长6～8mm，管部长1～1.5mm，上部被疏微毛，舌片平展，白色，稀淡蓝色，线形，宽约0.6mm，顶端具2小齿，花柱分枝线形；中央管状花黄色。瘦果披针形，长约1.2mm，扁压，被疏贴柔毛；冠毛异形，假舌状花的冠毛极短，膜片状连成小冠，管状花的冠毛2层，外层鳞片状，内层有10～15条长约2mm的刚毛。瘦果披针形，长约1.2mm，扁压，被疏贴柔毛，顶生异型冠毛。

成　株

花　序

【繁殖特性】花、果期几乎全年。种子繁殖（其为三倍体，行无融合生殖），风播。常成片分布。

香丝草

【学名】*Erigeron bonariensis*

【俗名】野塘蒿

【分布及危害】原产于南美，为入侵物种。分布于我国中部、东部、南部至西南部各地。常生长在田边、荒地和路旁。在烟田危害较轻。

【形态特征】一年生或二年生草本。茎直立或斜升，高20～50cm，稀更高，中部以上常分枝，常有斜上不育的侧枝。叶密集，基部叶花期常枯萎；下部叶倒披针形或长圆

头状花序

成　株

状披针形，长3～5cm，宽0.3～1cm，顶端尖或稍钝，基部渐狭成长柄，通常具粗齿或羽状浅裂；中部和上部叶具短柄或无柄，狭披针形或线形，有时波状皱折，长3～7cm，宽0.3～0.5cm，中部叶具齿，上部叶全缘，两面均密被贴糙毛。头状花序多数，直径8～10mm，在茎端排列成总状或总状圆锥花序。头状花序边缘雌花多层，白色，花冠细管状，长3～3.5mm，无舌片或顶端仅有3～4个细齿；管状花淡黄色，花冠管状，长约3mm，管部上部被疏微毛，上端具5齿裂。瘦果线状披针形，长约1.5mm，扁压，被疏短毛；冠毛1层，淡红褐色，长约4mm。

【繁殖特性】花、果期近全年。种子繁殖，风播。其瘦果小而轻，具冠毛，扩散能力强。

小 蓬 草

【学名】*Erigeron canadensis*

【俗名】小飞蓬、加拿大飞蓬、飞蓬

【分布及危害】原产于北美，为入侵物种。全国各地广泛分布。生于旷野、田间、路旁、荒地，常见。在烟田危害中等至轻微，具有化感作用。

【形态特征】

幼苗：2子叶出土，椭圆形，叶基下延。上、下胚轴均明显。

成株：一年生高大草本，株高50～100cm或更高，被疏长硬毛，上部多分枝。叶密集，基部叶花期常枯萎，下部叶倒披针形，长6～10cm，宽1～1.5cm，顶端尖或渐尖，基部渐狭成柄，边缘具疏锯齿或全缘；中部和上部叶较小，线状披针形或线形，近无柄

幼 苗　　　　　　　　　　　　植 株

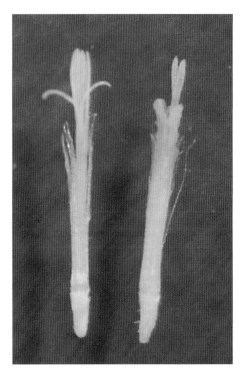

假舌状花和管状花

成　株　　　　　　　　　头状花序

或无柄，全缘或少有具1～2个齿，两面或仅表面被疏短毛，边缘常被上弯的硬缘毛。头状花序小，直径3～4mm，排列成顶生多分枝的大圆锥花序；总苞片2～3层，淡绿色，线状披针形或线形，顶端渐尖。假舌状花多数，舌片小，长2.5～3.5mm，稍超出花盘，线形，顶端具2个钝小齿，白色；管状花淡黄色。瘦果线状披针形，长1.2～1.5mm，稍扁压，被贴微毛；冠毛污白色，1层，糙毛状，长2.5～3mm。

【繁殖特性】在南方，花、果期近全年。种子繁殖，风播。

苏门白酒草

【学名】*Erigeron sumatrensis*

【分布及危害】原产于南美，为入侵物种，现为一种常见的区域性恶性杂草。广泛分布于我国华南、西南、华中、华东。生于旷野、田间、路旁、荒地，很常见。在烟田危害中等至轻微。

【形态特征】

幼苗：幼叶椭圆形至近圆形，有锯齿，被短柔毛，莲座状基生。

幼　苗　　　　　　　　　　　　　　　幼　株

成株：一年生或二年生草本。茎粗壮，直立，高80～150cm，中部或中部以上有长分枝，被较密灰白色上弯糙短毛。叶密集，基部叶花期凋落，下部叶倒披针形或披针形，长6～10cm，宽1～3cm，顶端尖或渐尖，基部渐狭成柄，边缘上部每边常有4～8个粗齿，基部全缘，中部和上部叶渐小，狭披针形或近线形，具齿或全缘，两面特别是背面被密糙短毛。头状花序多数，直径5～8mm，在茎枝端排列成大而长的圆锥花序；花序梗长3～5mm；总苞卵状短圆柱状，长4mm，宽3～4mm，总苞片3层；花托稍平，具明显小窝孔，直径2～2.5mm；头状花序边缘为多层雌花，长4～4.5mm，管部细长，

成 株

舌片淡黄色或淡紫色，极短细，丝状，顶端具2细裂；管状花6～11个，花冠淡黄色，长约4mm。瘦果线状披针形，长1.2～1.5mm，扁压，被贴微毛；冠毛1层，初时白色，后变黄褐色。

头状花序

假舌状花和管状花

【繁殖特性】花、果期近全年。种子繁殖，风播。其瘦果小而轻，具有长而多的冠毛，扩散能力强，且其产生量大、成熟期短。瘦果的萌发率高、萌发迅速。

苏门白酒草与小蓬草的营养器官很相似，二者主要区别在于：苏门白酒草头状花序直径达5～8mm，假舌状花具明显的舌片；而小蓬草的头状花序直径为3～4mm，假舌状花的舌片不明显。

白 酒 草

【学名】*Eschenbachia japonica*

【分布及危害】分布于西南、华中至华东。常生于山谷田边、山坡草地或林缘。在烟田危害中等或较轻。

【形态特征】一年生或二年生草本。茎直立，高15～45cm，或更高，自茎基部或中部以上分枝，全株被白色长柔毛或短糙毛，或下部多少脱毛。叶通常密集于茎较下部，呈莲座状；基部叶倒卵形或匙形；较下部叶有长柄，叶片长圆形或椭圆状长圆形，或倒披针形；中部叶疏生，倒披针状长圆形或长圆状披针形，无柄，长3.5～5cm，宽5～15mm，顶端钝，基部宽而半抱茎；上部叶渐小，披针形或线状披针形。头状花序较多数，通常在茎及枝端密集成球状或伞房状；花序梗纤细，密被长柔毛；总苞半球形；总苞片3～4层，覆瓦状，外层较短，卵状披针形，长约2mm，内层线状披针形，长4～5mm，顶端尖或渐尖，边缘膜质或多少变紫色，被长柔毛。花全部结实，黄色，外围的雌花极多数，花冠丝状；中央的两性花少数（15～16朵），花冠管状。瘦果长圆形，黄色，长1～1.2mm，扁压，两端缩小，边缘脉状，两面无肋，有微毛；冠毛污白色或稍红色，长约4.5mm，糙毛状，近等长，顶端狭。

头状花 序纵切面，示小花

植 株

茎中部，示叶基抱茎和茎被短糙毛

头状花序

植株中上部

【繁殖特性】花、果期3—11月。种子繁殖，随风传播。

牛 膝 菊

【学名】*Galinsoga parviflora*

【俗名】辣子草、向阳花、珍珠草、铜锤草

【分布及危害】原产于南美洲，为入侵物种。分布于我国辽宁、安徽、江苏、浙江、江西、四川、贵州、云南和西藏等地。生长于庭院、废地、河谷地、溪边和低洼的农田中，在肥沃而潮湿的地带生长更多，危害烟草、玉米、大豆、蔬菜等，发生量大，危害重。

【形态特征】

幼苗：幼苗子叶早落，初生叶2，卵圆形，边缘有锯齿。

幼　苗

幼苗群体

成株：一年生草本，高10～80cm。茎单一或于下部分枝，分枝斜伸，被长柔毛状伏毛，嫩茎更密，并混有少量腺毛，花期茎中下部毛渐稀疏。叶对生，具柄，叶柄长1～2cm，于茎顶柄渐短或近于无柄，被长柔毛状伏毛；叶片卵形、卵状披针形至披针形，长1.5～5.5cm，宽2～3.5cm，叶基圆形、宽楔形至楔形，顶端渐尖，基出3脉或不明显的5脉，边缘具钝锯齿或疏锯齿，齿尖具胼胝体，叶片两面均被长柔毛状伏毛，于叶脉处较密。头状花序半球形至宽钟形，直径3～6mm，下具长5～15mm的花序梗，于茎顶排序成伞房状；总苞片2～3层，6～16片，卵状三角形，顶端及边缘膜质，边缘有细睫毛；假舌状花3～8朵，常为5朵，舌片白色，长1.2mm，顶端3齿裂，筒部细管状，长约1mm，被白色柔毛；冠毛粗毛状，先端5裂，下部被白色的柔毛；冠毛线形，长1～1.3mm，较花冠筒为长，边缘流苏状，固着在冠毛环上。瘦果楔形，压扁，长1.5～2mm；舌状花瘦果具3棱，管状花瘦果4～5棱，上被白色糙毛；舌状花瘦果上冠毛常脱落，管状花瘦果上流苏状冠毛宿存。

成株群体

花　枝

189

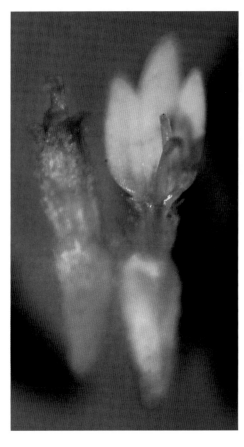

管状花和假舌状花

头状花序

【繁殖特性】花、果期7—10月。种子繁殖。

泥 胡 菜

【学名】*Hemistepta lyrata*

【俗名】猪兜菜（广西）、艾草（海南）

【分布及危害】除西藏、新疆外，遍布全国各地。生于田间、路旁、荒地、山坡、林缘、河边，常见。在烟田危害较轻。

【形态特征】

幼苗：子叶2，出土，阔卵形，长约5mm，宽约3.5mm，先端钝圆，全缘，柄短。下胚轴明显，上胚轴不发育。初生叶基生，莲座状排列。

成株：一年生或二年生草本，高20～150cm。茎单生，上部常分枝。基生叶莲座状着生，长椭圆形或倒披针形，花期通常枯萎；中下部茎生叶与基生叶同形，长4～15cm或更长，宽1.5～5cm或更宽，基生叶至中部叶大头羽状深裂或几乎全裂，侧裂片2～6对，通常4～6对，极少为1对；裂片边缘有三角形锯齿或重锯齿。全部茎叶质地薄，两

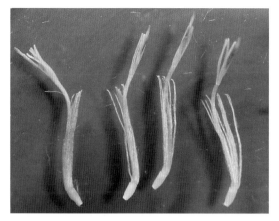

小 花

幼 株

成 株

头状花序，中外层苞片外面上方近顶端有直立的
鸡冠状突起的附片

面异色，上面绿色，无毛，下面灰白色，被厚或薄茸毛，基生叶及下部茎生叶有长叶柄，
叶柄长达8cm，柄基扩大抱茎，上部茎生叶的叶柄渐短，最上部茎生叶无柄。头状花序在
茎枝顶端排成疏松伞房状，稀单生于茎顶；总苞宽钟状或半球形，直径1.5～3cm；总苞
片多层，覆瓦状排列；全部苞片质地薄，草质，中外层苞片外面上方近顶端有直立的鸡
冠状突起的附片，附片紫红色，内层苞片顶端长渐尖，上方染红色，但无鸡冠状突起的
附片；全为管状花，花冠紫色或红色，长约1.4cm，檐部长约3mm，深5裂，花冠裂片线

形，长约2.5mm，细管部为细丝状，长约1.1cm。瘦果小，长2.2～3mm，深褐色，压扁，有13～16条粗细不等的突起尖细肋，顶端斜截形，有膜质果缘，基底着生面平或稍偏斜。冠毛2层，异型，白色，外层冠毛羽毛状，长1.3cm，基部连合成环，整体脱落；内层冠毛极短，鳞片状，3～9个，着生一侧，宿存。

【繁殖特性】花、果期3—8月。种子繁殖。

小苦荬

【学名】*Ixeridium dentatum*

【俗名】齿缘苦荬

【分布及危害】分布于华东、华中、华南。生于田边、路旁或溪边山坡林下。中生性杂草，在烟田危害常较轻。

【形态特征】多年生草本，全体含乳汁。匍匐茎短，地上茎高10～50cm，无毛。全部叶两面无毛；基生叶长倒披针形、长椭圆形，长1.5～15cm，宽1～3cm，不分裂或羽状浅裂至深裂；茎生叶2～3，披针形或长椭圆状披针形或倒披针形，不分裂，基部扩大呈圆形耳状抱茎。头状花序多数，在茎枝顶端排成伞房状花序，花序梗细；总苞圆柱状，长7～9mm；总苞片2层，外层小，长约1.5mm，宽不足1mm，内层长7～8mm，宽约1mm，顶端急尖；舌状小花5～7枚，黄色，少白色。瘦果纺锤形，长约3mm，宽

头状花序

幼苗

群体

0.6 ～ 0.7mm，稍压扁，褐色，有10条细肋或细脉，顶端渐狭成长约1mm的细喙；冠毛麦秆黄色或黄褐色，长约4mm。

【繁殖特性】花、果期4—8月。葡匐茎越冬。种子繁殖，因具有冠毛而借助风传播。

中华苦荬菜

【学名】*Ixeris chinensis*

【俗名】中华小苦荬、山苦荬

【分布及危害】分布于华东、华中、华北、东北和西南。生于田野路旁和山坡。中生性杂草，在烟田危害中等至较轻。

【形态特征】多年生草本，有乳汁。茎直立或斜倾，高5 ～ 50cm。基生叶排成莲座状，线状披针形或倒披针形，全缘至羽状深裂，长6 ～ 24cm，宽1 ～ 4cm；茎生叶常1 ～ 4枚，长披针形或长条形，无叶柄，基部扩大稍抱茎。头状花序排成稀疏的聚伞花序状；总苞圆柱状；总苞片3层，外2层长1 ～ 3mm，内层长6 ～ 8mm；舌状花15 ～ 25枚，白色或黄色。狭披针形，稍扁，棕色，长4 ～ 6mm，喙长2 ～ 3mm；冠毛白色，长约5mm。

幼　株

舌状花

头状花序

成 株

群 体

【繁殖特性】花、果期2—10月。瘦果具有冠毛，随风传播。

苦荬菜

【学名】*Ixeris polycephala*

【俗名】多头苦荬

【分布及危害】分布于华东、华中、华南和西南。生于田野路旁或山坡林缘及草地。中生性杂草，在烟田危害常较轻。

【形态特征】一年生或二年生草本，有乳汁。茎直立，常基部分枝，无毛。基生叶线状披针形，长6～22cm，宽0.3～1.5cm，先端渐尖，基部楔形下延，全缘，稀羽状分裂；中部叶无柄，宽披针形或披针形，长5～15cm，宽0.7～2cm，先端渐尖，基部箭形抱茎，全缘或具疏齿。头状花序排成伞房状；总苞钟形，果期呈坛状；总苞片3层，第一、第二层微小；舌状花黄色，20～25枚。纺锤形，长约0.3cm，具10条纵棱，褐色，喙长约

幼 苗

果　序

花序、3层总苞片

茎生叶基部箭形抱茎

群　体

1 ～ 1.5mm；冠毛白色，长约4mm。

【繁殖特性】花、果期2—10月。瘦果具有冠毛，随风传播。

稻　槎　菜

【学名】*Lapsanastrum apogonoides*

【分布及危害】分布于湖南、广东、广西、安徽、陕西、福建、江西、江苏、浙江、云南等地。见于荒地、田间、路旁、沟边、山坡、湿地。在烟田危害严重至较轻。

【形态特征】

幼苗：子叶2，圆形。子叶柄长于叶片。

成株：一年生或二年生，细弱草本，全体含乳汁。茎自基部多分枝，枝直立或斜倾，株高5 ～ 25cm。基生叶丛生，有柄，叶片长3 ～ 10cm，宽1 ～ 3cm，大头羽状全裂或近全裂，两侧裂片2～3对，椭圆形；茎生叶少数，与基生叶同形，向上茎叶裂片减小至不裂；全部叶质地柔软。头状花序小，排成稀疏的伞房状圆锥花丛，有细梗，果时常下垂；总苞片2层，外层长约1mm，内层长约4.5mm；舌状花6～10枚，黄色。瘦果椭圆状披针形，扁平，长4～5mm，等于或长于总苞片，成熟后黄棕色，无毛，背腹面各有5～7肋，先端两侧各有1钩刺，无冠毛。

幼 株　　　　　　　　　　　成 株

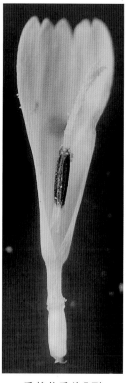

花 枝　　　　　　舌状花舌片5裂

头状花序侧面观　　　　　　　　　　　头状花序正面观

【繁殖特性】花、果期1—6月。种子繁殖。

拟鼠麴草

【学名】*Pseudognaphalium affine*

【俗名】清明草、念子花、佛耳草、清明菜、寒食菜、绵菜、香芹娘

【分布及危害】分布于我国华东、华南、华中、华北、西北及西南各地。生于低海拔干地或湿润草地上，尤以稻田最常见。在烟田危害严重至较轻。

【形态特征】

幼苗：2子叶，出土，阔椭圆形；长约3mm，宽约2mm，全缘，柄短。下胚轴不发达，上胚轴不发育。初生叶丛生于茎基部。

成株：一年生草本。茎直立或基部发出的枝下部斜升，高10～40cm，上部不分枝，有沟纹，被白色厚绵毛。叶无柄，匙状倒披针形或倒卵状匙形，长4～12cm，宽11～14mm；上部叶长15～20mm，宽2～5mm，基部渐狭，稍下延，顶端圆，具刺尖头，两面被白色绵毛，表面常较薄，叶脉1条，在背面不明显。头状花序较多或较少数，直径2～3mm，近无柄，在枝顶密集成伞房花序；总苞钟形，直径2～3mm；

成片幼苗

总苞片2～3层，金黄色或柠檬黄色，膜质，有光泽，外层倒卵形或匙状倒卵形，背面基部被绵毛，顶端圆，基部渐狭，长约2mm，内层长匙形，背面通常无毛，顶端钝，长2.5～3mm；假舌状花多数，花冠细管状，长约2mm，花冠顶端扩大，3齿裂，裂片无毛；管状花，花较少，长约3mm，向上渐扩大，檐部5浅裂，裂片三角状渐尖，无毛。瘦果倒卵形或倒卵状圆柱形，长约0.5mm，有乳头状突起；冠毛粗糙，污白色，易脱落，长约1.5mm，基部连合成2束。

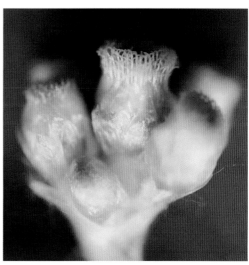

成　株　　　　　　　　　　　　　　花　序

【繁殖特性】花期1—6月，果期7—11月。种子繁殖。

腺梗豨莶

【学名】*Siegesbeckia pubescens*

【俗名】毛豨莶、棉狼毒、珠草

【分布及危害】几乎遍布全国，生于山坡、林缘、灌丛林下、田间、旷野，海拔160～3 400m。在烟田危害中等至轻微。

【形态特征】

幼苗：子叶出土，近圆形，长和宽约1cm，先端微凹，全缘，具柄。下胚轴特别发达，上胚轴也明显。初生叶2片，单叶，卵形，对生。

成株：一年生草本。株高50～110cm，茎直立，常带紫色，上部多分枝，被开展灰白色长柔毛和糙毛。叶对生，基部叶花期枯萎，中部叶卵圆形或卵形，长3～12cm，宽3～8cm，基部宽楔形，下延成翼柄，先端渐尖，边缘有尖头状规则或不规则的粗齿，上部叶渐小，成长椭圆状披针形。全部叶上面深绿色，下面淡绿色，基出三脉，侧脉和网脉明显，两面被平伏短柔毛，沿脉有长柔毛。头状花序排列成圆锥状，花序梗密被长柔毛和紫褐色头状具柄腺毛；总苞片2层，外层总苞片5枚，线状匙形，内层总苞片10～12枚，倒卵形兜状，内外层苞片皆有腺毛；花黄色，边缘为假舌状花，先端3浅裂；中央为管状花，两性，先端5裂。瘦果倒卵形，长2.5～3.5mm，微弯，有4棱，黑色，无冠毛。

群 体

花 序

成 株

【繁殖特性】花期5—8月，果期6—10月。种子繁殖。

加拿大一枝黄花

【学名】*Solidago canadensis*

【俗名】霸王花

【分布及危害】入侵物种，原产于北美洲，作为花卉观赏引进栽培，现在浙江、江苏、安徽、江西、湖北、湖南、上海、云南、台湾、四川、辽宁等地已有分布。繁殖力极强，传播速度快，生长优势明显，生态适应性广阔，与周围植物争阳光、争肥料，并分泌化感物质，抑制其他植物生长，为恶性杂草。

【形态特征】多年生草本，高30～150cm。根状茎具分枝；茎直立，光滑，基部带紫红色。叶互生，披针形或条状披针形，长5～12cm，具三出脉。头状花序聚成圆锥花序状，总苞2.5～3mm，苞片线状披针形；小花异型，金黄色。瘦果圆柱形，近无毛，冠毛白色。

群 体

地下部分

花 序

果 实

【繁殖特性】花、果期9—11月。通过具分枝的横走地下茎进行克隆生长（营养繁殖），也通过风传播种子。

苦苣菜

【学名】*Sonchus oleraceus*

【俗名】滇苦菜、苦荬菜、拒马菜、苦苦菜、野芥子

【分布及危害】全世界广布，遍布全国各地。生于田间、路旁、荒地、山坡、林缘，常见。在烟田危害中等至轻微。

【形态特征】

幼苗：子叶2，出土，阔圆形，长约4.5mm，宽约4mm，柄短。初生叶椭圆形，有锯齿，被毛，丛生。

幼 苗　　　　　　　　　　　　　　　　幼 株

　　成株：一年生或二年生草本，全体具乳汁。根圆锥状，垂直直伸，有多数纤维状的不定根。茎直立，单生，高40～150cm，有纵条棱或条纹，不分枝或上部分枝。基生叶羽状深裂，长椭圆形或倒披针形；中下部茎生叶羽状深裂或大头状羽状深裂，椭圆形或倒披针形，长3～12cm，宽2～7cm；全部叶无毛，有刺状尖齿，柄基耳状抱茎。头状花序少数在茎枝顶端排成紧密的伞房状或总状花序，或单生于茎枝顶端，花序梗被棕色头状具柄腺毛；总苞宽钟状，总苞片顶端长急尖，常被棕色头状具柄腺毛；舌状花多数，黄色。瘦果褐色，长椭圆形或长椭圆状倒披针形，长约3mm，宽不足1mm，压扁，每面各有3条细脉，肋间有横皱纹，顶端狭，无喙；冠毛白色，长6～7mm，单毛状，彼此纠缠。

成 株　　　　　　　　　　花 序梗被头状具柄腺毛，折断后流出白色乳汁

舌状花　　　　　　　　　　　　　　　头状花序

【繁殖特性】花、果期5—12月，或几乎全年。种子繁殖，随风传播。

蒲 公 英

【学名】*Taraxacum mongolicum*

【俗名】蒙古蒲公英、黄花地丁、婆婆丁、婆婆英、地丁草、白鼓丁、勃勃丁菜、鹁鸪英、黄花菜、奶汁草、野莴苣菜

【分布及危害】我国的东北、华北、华东、华中、西北、西南各地均有分布。生于道旁、草地、田间、河滩。在烟田危害中等至轻微。

【形态特征】

幼苗：2子叶，出土，阔卵形，长约7.5mm，宽约7mm，全缘，叶基下延。下胚轴与主根无明显界限，上胚轴不发育。初生叶丛生。

成株：多年生草本，含白色乳汁。主根粗壮，黑褐色。全部叶基生，莲座状排列；倒卵状披针形、倒披针形或长圆状披针形，全缘至羽状深裂。头状花序单生于花葶顶；花葶1至数个；头状花序直径30～40mm；总苞钟状，长12～14mm；总苞片

成　株

2层；小花全为舌状花，舌片黄色。瘦果倒披针形至纺锤形，暗褐色，有棱，有多数刺状突起，先端延长成喙，喙长6～10mm；喙顶的冠毛白色，长约6mm。

果　实

果　序

头状花序

群　体

【繁殖特性】花、果期春季至秋季。行无融合生殖，种子繁殖，随风传播。

苍 耳

【学名】*Xanthium strumarium*

【俗名】苍耳子（四川、云南、河南、山东、山西、东北）、老苍子（辽宁、江西、河北）、野茄子、敝子（东北）、刺八裸（河南）、猪耳、菜耳（甘肃）、苍浪子、绵苍浪子、羌子裸子、青棘子（江苏）、抢子（安徽）、痴头婆、胡苍子（湖南）、粘头婆、虱马头（广东）

【分布及危害】全国各地均有分布。生于山坡、草地、路旁。在田间多为单生，在果园、荒坡地多成群生长，局部地区危害较重。

【形态特征】

幼苗：子叶2，出土，匙形或长圆状披针形，长约2cm，宽5～7mm，肉质，光滑无毛。初生叶2片，对生，卵形，先端钝，基部楔形，叶缘有钝锯齿，具柄，叶片及叶柄均密被茸毛，主脉明显。下胚轴发达，紫红色。

成株：一年生草本。株高20～120cm，茎直立。叶互生，具长柄；叶片三角状卵形或心形，长4～10cm，宽5～12cm，先端锐尖或稍钝，基部近心形或截形，叶缘有缺刻及不规则的粗锯齿，两面被贴生的糙伏毛，基三出脉；叶柄长3～11cm。头状花序腋生或顶生，花单性，雌雄同株；雄花序球形，黄绿色，直径4～6mm，近无梗，密生柔毛，集生于花轴顶端；雌头状花序生于叶腋，椭圆形，外层总苞片小，长约3mm，分离，披针形；内层总苞片结合成囊状外生钩状刺，先端具2喙，内含2花，无花瓣，花柱分枝丝状。聚花果宽卵形或椭圆形，长12～15mm，宽4～7mm，外具长1～1.5mm的钩刺，淡黄色或浅褐色，坚硬，顶端有2喙；聚花果内有2个瘦果，倒卵形，长约1cm，灰黑色。

聚花果

瘦果（左）和聚花果纵切（右）

幼 苗

| 成　株 | 群　体 |

【繁殖特性】4—5月萌发，8—9月为结果期。种子繁殖，动物传播。

黄 鹤 菜

【学名】*Youngia japonica*

【分布及危害】分布于华北、华东、华中、华南和西南。生于田间、荒地、湿地、山坡、山谷及林缘、林下。在烟田危害较轻。

【形态特征】

幼苗：子叶2，出土，卵形，叶柄明显。初生叶及早期真叶逐渐增大，莲座状基生。

成株：一年生或二年生草本，高10～100cm，全体含乳汁。茎直立，单生或少数簇生。基生叶丛生，长8～25cm，宽1～6cm，大头羽状深裂或全裂。茎生叶0～2枚。头状花序小，花序梗细，少数或多数在茎顶排成伞房花序状；总苞圆筒形，外层总苞片远小于内层，无毛；舌状花10～20枚，黄色。瘦果纺锤状，稍扁，褐色或红褐色，长1.5～2.5mm；冠毛白色，长2.5～3.5mm。

| 成　株 | 花　序 |

【繁殖特性】花、果期几乎全年。种子繁殖，随风传播。

报春花科（Primulaceae）

一年生或多年生草本，稀为半灌木。单叶，对生、互生、轮生或全部基生，多全缘，无托叶。花两性，辐射对称；有苞片；单生或呈总状花序、伞形花序和圆锥花序；萼通常5裂，宿存；花冠合瓣，花冠筒长或短，通常5裂，辐状、钟状、漏斗状；雄蕊生于花冠筒上，与花冠裂片同数而对生，花丝离生或仅基部连合成筒，有时有退化雄蕊，花药两室，内向；子房上位，1室，特立中央胎座，花柱或长或短，柱头通常头状，胚珠少数或多数。蒴果；种子多数。种子有棱或平滑，胚乳丰富。本科有22属，1 000余种；分布于全世界，主产于北温带。我国有13属，近500种；分布于全国各地，多分布于西南和西北地区。

点 地 梅

【学名】*Androsace umbellata*

【俗名】铜钱草、喉咙草

【分布及危害】生于山坡、荒地、路旁。国内分布于东北、华北和秦岭以南各地。

【形态特征】一年生或二年生草本，全株被节状长柔毛。叶通常10～30片基生，圆形至心状圆形，直径5～15mm，边缘有三角状裂齿；叶柄长1～2cm。花葶直立，通常数条由基部抽出，高5～15cm；伞形花序，有7～15花；苞片卵形；花梗纤细，长1～3cm，花后伸长达6cm，混生腺毛；花萼杯状，深裂，裂片卵形，长2～3mm，果时增大，有明显纵脉4～6条，边缘有睫毛；花冠通常白色，漏斗状，筒部短于萼，裂片近圆形，约与冠筒等长，喉部黄色；雄蕊生于花冠筒中部，花丝短；花柱极短。蒴果近球形，直径约4mm，顶端5瓣裂，裂瓣白色，膜质；种子小，棕褐色，长圆状多面体形。

成　株

花　序

【繁殖特性】花期3—4月，果期5—6月。

泽珍珠菜

【学名】*Lysimachia candida*

【分布及危害】分布于陕西（南部）、河南、山东以及长江以南各地。生于田边、溪边和山坡路旁潮湿处，垂直分布上限可达海拔2 100m。

【形态特征】一年生或二年生草本，全体无毛。茎单生或数条簇生，直立，高10～30cm，单一或有分枝。基生叶匙形或倒披针形，长2.5～6cm，宽0.5～2cm，具有狭翅的柄，开花时存在或早凋；茎生叶互生，很少对生，叶片倒卵形、倒披针形或线形，长1～5cm，宽2～12mm，先端渐尖或钝，基部渐狭，下延，边缘全缘或微皱呈波状，两面均有黑色或带红色的小腺点，无柄或近于无柄。总状花序顶生，初时因花密集而呈阔圆锥形，其后渐伸长，果时长5～10cm；苞片线形，长4～6mm；花梗长约为苞片的2倍，花序最下方的长达1.5cm；花萼长3～5mm，分裂近达基部，裂片披针形，边缘膜质，背面沿中肋两侧有黑色短腺条；花冠白色，长6～12mm，筒部长3～6mm，裂片长圆形或倒卵状长圆形，先端圆钝；雄蕊稍短于花冠，花丝贴生至花冠的中下部，分离部分长约1.5mm；花药近线形，长约1.5mm；花粉粒具3孔沟，长球形 [(25～30) μm×(17～18.5) μm]，表面具网状纹饰；子房无毛，花柱长约5mm。蒴果球形，直径2～3mm。

【繁殖特性】花期3—6月，果期4—7月。

成 株

花 序

过 路 黄

【学名】*Lysimachia christiniae*

【分布及危害】生于沟边、路旁阴湿处和山坡林下，垂直分布上限可达海拔2 300m。

喜温暖、阴凉、湿润环境，不耐寒。适宜肥沃疏松、腐殖质较多的沙质壤土。分布于云南、四川、贵州、陕西（南部）、河南、湖北、湖南、广西、广东、江西、安徽、江苏、浙江、福建。

【形态特征】茎柔弱，平卧延伸，长20～60cm，无毛、被疏毛，幼嫩部分密被褐色无柄腺体，下部节间较短，常发出不定根，中部节间长1.5～10cm。叶对生，卵圆形、近圆形以至肾圆形，长1.5～8cm，宽1～6cm，先端锐尖或圆钝以至圆形，基部截形至浅心形，鲜时稍厚，透光可见密布的透明腺条，干时腺条变黑色，两面无毛或密被糙伏毛；叶柄比叶片短或与之近等长，无毛以至密被毛。花单生于叶腋；花梗长1～5cm，通常不超过叶长，毛被如茎，多少具褐色无柄腺体；花萼长4～10mm，分裂近达基部，裂片披针形、椭圆状披针形以至线形或上部稍扩大而近匙形，先端锐尖或稍钝，无毛、被柔毛或仅边缘具缘毛；花冠黄色，长7～15mm，基部合生部分长2～4mm，裂片狭卵形以至近披针形，先端锐尖或钝，质地稍厚，具黑色长腺条；花丝长6～8mm，下半部合生成筒；花药卵圆形，长1～1.5mm；花粉粒具3孔沟，近球形 [(29.5～32) μm×(27～31) μm]，表面具网状纹饰；子房卵球形，花柱长6～8mm。蒴果球形，直径4～5mm，无毛，有稀疏黑色腺条。

【繁殖特性】花期5—7月，果期7—10月。

群　体

花　枝

临　时　救

【学名】*Lysimachia congestiflora*

【分布及危害】生于路旁向阳处。生于海拔1 450～2 500m的湿润草地、河边附近。华东、西南各地均有分布。

【形态特征】多年生草本。茎浓紫红色，具短柔毛，分枝多，下部匍匐，节处生不定根，上部斜升，长枝达20cm。单叶交互对生，枝端密集，略被短柔毛；叶片广心形，长达25mm，宽达19mm，先端钝尖，全缘，基部楔形，表面淡绿色，背面色更淡，边缘有绿红色小点；柄长约5mm。花黄色，单生于枝端叶腋，呈密集状；苞片卵形或近圆形；淡绿色，下部边缘紫红色；花梗极短；花直径约8mm；花萼5深裂，裂片披针形，长约6mm，宽1.5～2mm，被极短柔毛；花冠轮状，下部合生，裂片5，卵形，先端锐尖，呈覆瓦状排列；雄蕊5，长短不一，长6.5～8mm；子房上位，卵形，被长白柔毛，1室。果为蒴果，种子多数，萼宿存。

【繁殖特性】花期3—4月，果期7—10月。

群 体　　　　　　　　　　　　　　　花 序

桔梗科（Campanulaceae）

　　一年生或多年生草本，稀为半灌木，常有白色乳汁。茎直立或缠绕。单叶，互生、少对生或轮生；无托叶。2歧或单歧聚伞花序排成总状或圆锥状，有时单生；花两性，辐射对称或两侧对称；花萼5裂，常宿存；花冠常为钟形，常5裂，浅裂或深裂至基部而成5个花瓣状裂片，或后方纵裂至基部，其余部分浅裂，使花冠成两侧对称；雄蕊5，离生或合生；花盘有或无，上位，分离或为筒状；花柱圆柱形，柱头2～5裂，子房下位或半下位，常2～5室，中轴胎座，胚珠多数。蒴果，顶端瓣裂、侧面孔裂或纵缝开裂，稀浆果；种子多数，扁平，或三角状，有棱翼或无，胚直立，有胚乳。本科有60～70属，大约2 000种，分布于温带和亚热带。我国有16属，大约170种；全国各地均有分布。

细叶沙参

【学名】*Adenophora capillaris* subsp. *paniculata*
【俗名】圆锥沙参、沙参、兰花参

【分布及危害】国内分布于内蒙古南部、山西、河北、河南、山东、陕西。

【形态特征】多年生草本，有白色乳汁。根圆锥形，表面浅土棕色，有细纵纹，较平滑。茎直立，高50～120cm，绿色或紫色，不分枝，无毛或有长硬毛。基生叶心形，边缘有不规则锯齿；茎生叶互生，条形、卵状披针形或长椭圆形，长1.5～10cm，宽0.2～3.7cm，先端渐尖，基部楔形，边缘有疏齿或全缘，两面疏生短毛或近无毛，无柄或有长至3cm的柄。圆锥花序顶生，多分枝；花梗细长；花萼无毛，筒部球形，少为卵状长圆形，裂片5，线形，长3～7mm，全缘；花冠细小，近筒状，长1～1.3cm，淡蓝色或淡蓝紫色或白色，口部稍收缩，先端5齿裂，裂片反卷；雄蕊5，花丝基部扩大，密生柔毛；花盘短筒状，无毛或上端稍有疏毛；花柱细长，明显伸出花冠，长2cm以上。蒴果卵形或卵状长圆形，长7～9mm，直径3～5mm。种子椭圆形，棕黄色。

【繁殖特性】花期6—9月，果期8—10月。

花　序

铜锤玉带草

【学名】*Lobelia nummularia*

【俗名】地茄子草、翳子草、地浮萍、扣子草、马莲草、铜锤草、红头带、土油甘、白路桥、三脚丁

【分布及危害】分布于华东、西南、华南以及台湾、湖北、湖南、西藏等地。

【形态特征】多年生草本，有白色乳汁。茎平卧，长12～55cm，被开展的柔毛，不分枝或在基部有长或短的分枝，节上生根。叶互生，叶片圆卵形、心形或卵形，长0.8～1.6cm，宽0.6～1.8cm，先端钝圆或急尖，基部斜心形，边缘有齿，两面疏生短柔毛，叶脉掌状至掌状羽脉；叶柄长2～7mm，生开展短柔毛。花单生于叶腋；花梗长0.7～3.5cm，无毛；花萼筒坛状，长3～4mm，宽2～3mm，无毛，裂片条状披针形，伸直，长3～4mm，每边生2或3枚小齿；花冠紫红色、淡紫色、绿色或黄白色，长6～10mm，花冠筒外面无毛，内面生柔毛，檐部二唇形，裂片5，上唇2裂片条状披针形，下唇裂片披针形；雄蕊在花丝中部以上连合，花丝筒无毛，花药管长1mm余，背部生柔毛，下方2枚花药顶端生髯毛。果为浆果，紫红色，椭圆状球形，长1～1.3cm。种子多数，近圆球状，稍压扁，表面有小疣突。

成株群体

果 枝

【繁殖特性】整年可开花结果。

半 边 莲

【学名】*Lobelia chinensis*

【俗名】急解索、细米草、瓜仁草、蛇舌草、半边花、水仙花草、镰么仔草

【分布及危害】分布于江苏、安徽、浙江、江西、福建、台湾、湖北、湖南、广东、广西、四川、贵州、云南等地。

【形态特征】多年生草本，具白色乳汁。茎细弱，匍匐，节上生根，分枝直立，高6～15cm，无毛。叶互生，无柄或近无柄，椭圆状披针形至条形，长8～25cm，宽2～6cm，先端急尖，基部圆形至阔楔形，全缘或顶部有明显的锯齿，无毛。花通常1朵，生于分枝的上部叶腋；花梗细，长1.2～3.5cm，基部有长约1mm的小苞片2枚、1枚或者没有，小苞片无毛；花萼筒倒长锥状，基部渐细而与花梗无明显区分，长3～5mm，无毛，裂片披针形，约与萼筒等长，全缘或下部有1对小齿；花冠粉红色或白色，长10～15mm，背面裂至基部，喉部以下生白色柔毛，裂片全部平展于下方，呈一个平面，2侧裂片披针形，较长，中间3枚裂片椭圆状披针形，较短；雄蕊长约8mm，花丝中部以上连合，花丝筒无毛，未连合部分的花丝侧面生柔毛，花药管长约2mm，背部无毛或疏生柔毛。蒴果倒锥状，长约6mm。种子椭圆状，稍扁压，近肉色。

群 体　　　　　　　　　　　　　　　　　花

【繁殖特性】 花、果期5—10月。

紫草科（Boraginaceae）

　　多数为草本，一般被有硬毛或刚毛。叶为单叶，互生，无托叶。花序为聚伞花序或镰状聚伞花序；花两性，辐射对称；花萼具5个基部至中部合生的萼片，宿存；花冠筒状、钟状、漏斗状或高脚碟状，喉部或筒部具或不具5个附属物；雄蕊5，着生于花冠筒部；雌蕊由2心皮组成，子房2室，每室含2胚珠，或由内果皮形成隔膜而成4室，每室含1胚珠，或子房4（2）裂，每裂瓣含1胚珠；胚珠近直生、倒生或半倒生；雌蕊基果期平或不同程度升高呈金字塔形至锥形。果实为含1～4粒种子的核果，或为子房4（2）裂瓣形成的4（2）个小坚果，果皮多汁或大多干燥，常具各种附属物。种子直立或斜生，种皮膜质，无胚乳；胚伸直，很少弯曲，子叶平，肉质，胚根在上方。本科有杂草11属，24种，其中烟田杂草有4属，5种。

┃ 附 地 菜

　　【学名】 *Trigonotis peduncularis*

　　【俗名】 地胡椒

　　【分布及危害】 全国各地均有分布。对烟草水田、旱田均有一定危害，竞争营养，为烟草整个生长季一般性杂草。

　　【形态特征】

　　幼苗：子叶出土萌发。子叶矩圆形，先端微凹，全缘，叶基圆形，被毛，具短柄。

下胚轴发达，上胚轴不发育。初生叶1片，互生，单叶，卵圆形，先端尖，叶缘全缘，并有睫毛，叶基近圆形，中脉明显，具长柄，幼苗全株密被细毛。

初生苗

幼苗

成株：一年生或二年生草本。茎通常多条丛生，密集，铺散，基部多分枝，被短糙伏毛。基生叶排成呈莲座状，有叶柄，叶片匙形，两面被糙伏毛。花序生于茎顶，幼时卷曲，后渐次伸长；花冠淡蓝色或粉色，筒部甚短。小坚果4，斜三棱锥状四面体形，有短毛或平滑无毛，背面三角状卵形，具3锐棱，腹面的2个侧面近等大而基底面略小，凸起，具短柄，向一侧弯曲。

成株

花

【繁殖特性】花期5—6月，果期5—9月。种子繁殖。

琉 璃 草

【学名】*Cynoglossum furcatum*

【俗名】大果琉璃草

【分布及危害】西南、华南、华东至河南、陕西及甘肃南部有分布。对旱田烟草有一定危害，与烟草竞争营养，为烟田一般性杂草。

【形态特征】多年生草本。具红褐色粗壮直根。茎直立，中空，具肋棱，由上部分枝，分枝开展，被向下贴伏的柔毛。基生叶和茎下部叶长圆状披针形或披针形，基部渐狭成柄，灰绿色，两面均密生贴伏的短柔毛；茎中部及上部叶无柄，狭披针形，被灰色短柔毛。花序顶生及腋生，花稀疏，集为疏松的圆锥状花序；花萼外面密生短柔毛，裂片卵形或卵状披针形，果期几乎不增大，向下反折；花冠蓝紫色，先端微凹，喉部有5个梯形附属物。小坚果卵形，密生锚状刺，背面平，腹面中部以上有卵圆形的着生面。

成 株

花 枝

果 枝

【繁殖特性】花期6—7月，果期8—9月。种子繁殖。

茄科（Solanaceae）

草本、灌木或小乔木。叶互生或在开花枝段上有大小不等的2叶双生，无托叶；花两性或稀杂性，辐射对称，单生或排成聚伞花序或花束；萼5裂或截平形，常宿存；花冠合瓣，裂片5，常折叠；雄蕊5，稀4，着生于冠管上；子房2室，或不完全的1～4室，2心皮不位于正中线上而偏斜，中轴胎座有胚珠极多数，很少为1枚；胚珠倒生、弯生或横生。果为浆果或蒴果。种子圆盘形或肾形，有肉质而丰富的胚乳；胚弯曲成钩状、环状或螺旋状卷曲。本科有杂草7属，21种，其中烟田杂草有3属，9种。

毛 酸 浆

【学名】*Physalis pubescens*

【俗名】姑茑、姑娘

【分布及危害】原仅分布于长江以南各地，近年来已向北扩散至黑龙江。对水田与旱田烟草均有一定危害，与烟草竞争营养，为烟草生长初期一般性杂草。

【形态特征】

幼苗：子叶出土幼苗。子叶阔卵形，先端急尖，全缘，具睫毛，叶基圆形。下胚轴非常发达，上胚轴较发达，均被横出直生柔毛及少数乳头状腺毛。初生叶1片，单叶，阔卵形，先端急尖，全缘，具睫毛，叶基圆形，有明显羽状脉，具长柄。后生叶与初生叶基本相似，仅叶缘出现波状和不规则的粗锯齿。

成株：一年生草本。茎具棱，被毛。叶卵形至椭圆形或披针形，被腺毛，叶尖锐尖形，叶基圆形，全缘或疏锯齿缘，具叶柄。花单生于叶腋；花冠5裂，裂片披针状三角形，被毛，裂片基部常具紫色斑纹，被毛。浆果黄绿色，被膨大的宿存花萼包被，具5棱或近圆形。

幼　苗

花

成　株

果

【繁殖特性】花、果期3—10月。种子繁殖。

苦　蘵

【学名】*Physalis angulata*

【俗名】灯笼草、天泡子、天泡草、黄姑娘、小酸浆、朴朴草、打额泡

【分布及危害】主要分布于我国华东、华中、华南和西南，东北地区南部有少量分布。对水田、旱田烟草均有一定危害，与烟草竞争营养，为烟田一般性杂草，在江苏部分地区为恶性杂草。

【形态特征】

幼苗：子叶出土幼苗。子叶阔卵形，先端急尖，边缘具睫毛，叶基圆形，具长柄。下胚轴极发达，上胚轴较明显，均被柔毛及少数腺毛。初生叶1片，阔卵形，先端急尖，叶基圆形，全缘，有长柄。后生叶的叶缘呈波状，有不规则锯齿，其他与初生叶基本相似。

成株：一年生草本，被疏短柔毛或近无毛。茎多分枝，分枝纤细。叶片卵形至

成　株

卵状椭圆形，先端渐尖，基部楔形，全缘或有不等大的齿，两面近无毛。花单生于叶腋，花梗纤细；花冠淡黄色，5浅裂，喉部常有紫斑。浆果球形，包藏于宿萼之内。宿萼绿色，具棱，棱脊上疏被短柔毛，网脉明显。种子圆盘状。

花　　　　　　　　　　　　　果

【繁殖特性】花、果期5—12月。种子繁殖。

龙　葵

【学名】*Solanum nigrum*

【俗名】野辣虎、野海椒、石海椒、野伞子、灯笼草、山辣椒、野茄秧

【分布及危害】全国各地均有分布。对水田与旱田烟草均有一定危害，与烟草竞争营养，为烟草生长初期一般性杂草。

【形态特征】

幼苗：子叶出土幼苗。子叶阔卵形，先端钝尖，全缘，缘生混杂毛，叶基圆形，具长柄。下胚轴很发达，密被混杂毛，上胚轴极短。初生叶1片，阔卵形，先端钝状，全缘，缘生混杂毛，叶基圆形，有明显羽状脉和密生短柔毛。后生叶与初生叶相似。

成株：一年生草本。茎无棱或棱不明显，绿色或紫色。叶卵形，先端短尖，基部楔形至阔楔形而下延至叶柄，全缘或每边具不规则的波状粗齿，光滑或两面均被稀疏短柔毛，叶脉每边5～6条。蝎尾状花序腋外生，由3朵以上花组成；花冠白色。浆果球形，熟时黑色。种子多数，近卵形，两侧压扁。

子叶与初生苗　　　　　　　　　　　　　幼　苗

花　枝　　　　　　　　　　花　序　　　　　　　　　　果　序

【繁殖特性】花、果期3—10月。种子繁殖。

曼陀罗

【学名】*Datura stramonium*

【俗名】曼荼罗、满达、曼扎、曼达、醉心花、狗核桃、洋金花、枫茄花、万桃花、

闹羊花、大喇叭花、山茄子

【分布及危害】我国各地均有分布。原产于印度，为外来入侵植物。对水田、旱田烟草均有一定危害，与烟草竞争营养，为烟田一般性杂草。

【形态特征】

幼苗：子叶出土幼苗。子叶披针形，大型，先端渐尖，基部近圆形，有一明显中脉，具短叶柄。上、下胚轴均较发达，有柔毛。初生叶1片，单叶，卵状披针形，先端急尖，全缘，叶基近圆形，有明显羽脉，具叶柄；第一后生叶叶缘出现1～2个粗齿，第二后生叶缘呈粗锯齿状，其他与初生叶相似。

幼苗

成株：一年生草本植物，在热带地区可长成半灌木，高达0.5～1.5m。全体近于平滑或在幼嫩部分被短柔毛。茎粗壮，圆柱状，淡绿色或带紫色，下部木质化。叶互生，上部呈对生状，叶片卵形或宽卵形，顶端渐尖，基部不对称楔形，有不规则波状浅裂。花单生于叶腋；花萼筒状，筒部有5棱角，两棱间稍向内陷，基部稍膨大，顶端紧围花冠筒，花后自近基部断裂，宿存部分随果实而增大并向外反折；花冠漏斗状，下半部带绿色，上部白色或淡紫色，檐部5浅裂，裂片有短尖头。蒴果直立生，卵状，表面生有坚硬针刺或有时无刺而近平滑，成熟后淡黄色，规则4瓣裂。种子卵圆形，稍扁，黑色。

成 株

花

果 实

【繁殖特性】花期6—10月，果期7—11月。种子繁殖。

旋花科（Convolvulaceae）

缠绕或匍匐草本，常具乳汁。单叶互生，无托叶。花两性，5基数，辐射对称，单生于叶腋或为聚伞花序；萼片5枚，常宿存；花冠漏斗状或钟状，冠檐近全缘或5浅裂；雄蕊5，生于花冠筒基部，与花冠裂片互生；复雌蕊由2心皮组成，2室，子房上位。蒴果。本科常见杂草有7属，17种，其中烟田杂草有4属，6种。

打碗花

【学名】*Calystegia hederacea*

【俗名】小旋花、兔耳草、狗儿蔓、喇叭花

【分布及危害】在我国各地广泛分布，侵入我国11个省份的烟田，在河南烟区危害严重，在湖南、贵州和陕西等烟区危害中度，在安徽、湖北、四川和重庆等烟区危害较轻，在云南、山东和黑龙江等烟区零星发生。

【形态特征】

幼苗：子叶出土幼苗，光滑无毛。下胚轴发达。子叶近方形，长约1cm，宽0.7cm，先端微凹，基部近截形，具长柄。初生叶1片，卵状戟形，有明显叶脉，叶柄与叶片近等长。

成株：多年生草质藤本。具白色横走的根状茎；地上茎细弱，长0.5～2m，匍匐或攀缘。叶互生，具长柄；基部叶全缘，长圆状心形；中上部叶片三角状戟形或三角状卵形，侧裂片展开，常再2裂。花单生于叶腋，2苞片包住花萼，宿存；萼片5，宿存；花冠漏斗状，粉红色或白色，口近圆形微呈五角形，喉部近白色，直径2～5cm；雄蕊5，

幼苗　　　　　　　　　　　　成株

花

果　株

种　子

基部膨大；子房上位，柱头线形，2裂。蒴果卵圆形，与宿存萼片几乎等长，光滑。种子倒卵圆形，黑褐色，长约4mm。

【繁殖特性】华北地区花期7—9月，果期8—10月；长江流域花、果期5—7月。种子繁殖和以根状茎进行的营养繁殖。

田 旋 花

【学名】*Convolvulus arvensis*

【俗名】中国旋花、箭叶旋花

【分布及危害】已侵入河南等5个烟区，在河南烟区危害中度，在陕西、安徽和四川等烟区危害较轻，在山东烟区零星发生。

【形态特征】

幼苗：子叶出土幼苗，光滑无毛。上、下胚轴都较发达。子叶方形，长和宽均约1.2cm，全缘，先端凹缺，叶基近截形，有明显叶脉，具长柄；初生叶1片，长椭圆形，先端钝，叶基截形，有明显羽状叶脉。

成株：多年生草质藤本。根状茎横走；茎平卧或缠绕，有棱。单叶互生，戟形，长2.5～5cm，宽1～3.5cm，全缘或3裂，侧裂

幼　苗

成 株

种 子

片展开，中裂片卵状椭圆形。花序腋生，有1～3花，花梗细弱，长3～8cm；萼片5，卵圆形，边缘膜质；花冠漏斗状，粉红色，长约2cm，顶端5浅裂；雄蕊5，基部具鳞毛；子房上位，2室，柱头2裂。蒴果球状或圆锥形。种子4，黑褐色。

【繁殖特性】花期5—8月，果期7—9月。种子繁殖或地下茎繁殖。地下茎深30～50cm，秋季近地面处产生越冬芽，翌年出苗。

菟丝子

【学名】*Cuscuta chinensis*

【俗名】中国菟丝子、大豆菟丝子、金丝藤、无根草

【分布及危害】广泛分布于全国各地，为大豆及秋收作物田的恶性寄生杂草，已侵入湖南等3个省的烟区，在湖南烟区危害较轻，在重庆和江西等烟区零星发生。

【形态特征】

幼苗：幼苗线形，橘黄色，无叶。缠绕寄主一圈后2d便可产生吸器，伸入寄主体内吸取水分和养料，营寄生生活；约1周后藤蔓开始分枝，迅速蔓延至周围寄主。

成株：一年生寄生草本。茎细弱而缠绕于其他植物上，分枝多，黄色或淡黄色，无叶。花多数，簇生，两性，辐射对称；花萼杯状，

藤 茎

长约2mm，5裂；花冠白色，壶状或钟状，长约4mm，顶端5裂，裂片向外反曲；雄蕊5，花丝短，与花冠裂片互生；鳞片5，近矩圆形，边缘流苏状；子房上位，2室，花柱2，直立，柱头头状，宿存。蒴果近球形，成熟时被花冠全部包住，长约3mm，盖裂。种子2～4颗，淡褐色，长约1mm，表面粗糙。

【繁殖特性】花期6—7月，果期8—9月。种子繁殖。

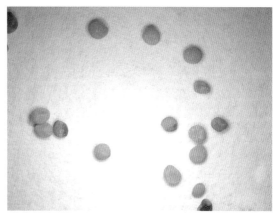

花　株　　　　　　　　　　种　子

裂叶牵牛

【学名】*Pharbitis nil*

【俗名】牵牛花、喇叭花

【分布及危害】已侵入吉林等4个烟区，在吉林和四川等烟区危害轻，在河南和山东等烟区零星发生。

【形态特征】

幼苗：子叶出土幼苗。下胚轴非常粗壮，紫红色，上胚轴不发达，除下胚轴和子叶外全株密被长柔毛。子叶方形，长约1.5cm，宽约1.8cm，全缘，先端深凹，叶基心形，具长柄。初生叶1片，掌状3深裂；后生叶掌状5裂，其他与初生叶相似。

成株：一年生草本，全株被粗硬毛。茎缠绕，多分枝。叶互生，叶柄长5～15cm，被毛；叶片宽卵形，长8～15cm，常3裂，中裂片长圆形或卵圆形，侧裂片三角形，裂口宽而圆，先端尖，基部心形。花序有花1～3朵，花序梗略短于叶柄；萼片5，披针形，基部密被开展的粗硬毛，不向外反曲；花冠漏斗状，白色、蓝紫色或紫红色，花冠管色淡，顶端5浅裂；雄蕊5，子房3室，柱头头状。蒴果近球形。种子5～6枚，卵圆形或卵状三棱形，黑褐色或米黄色。

【繁殖特性】4—5月萌发，花期6—9月，果期7—10月。种子繁殖。

幼 苗

成 株

圆叶牵牛

【学名】*Pharbitis purpurea*

【俗名】圆叶旋花、小花牵牛

【分布及危害】在我国各地均有分布，已侵入11个烟区，在贵州和辽宁等烟区危害中等，在吉林、陕西、云南、重庆、四川、广东等烟区危害轻，在河南、江西和山东等烟区零星发生。

【形态特征】

幼苗：子叶出土幼苗。下胚轴粗壮，紫红色，上胚轴很发达，除下胚轴和子叶外全株密被白色长柔毛。子叶方形，全缘，先端深凹，叶基心形，具长柄。初生叶1片，单叶心脏形；后生叶与初生叶相似。

幼 苗

成株：一年生草本，全株被粗硬毛。茎缠绕，多分枝。叶互生，卵圆形，先端尖，基部心形，全缘，叶柄长4～9cm。花序有花1～5朵，花序梗与叶柄近等长，长4～12cm，小花梗伞形，结果时上部膨大；苞片2，条形；萼片5，卵状披针形，先端锐尖，基部有粗硬毛；花冠漏斗状，白色、紫色或淡红色，先端5浅裂；雄蕊5，不等长，花丝基部被毛；子房3室，每室2胚珠，柱头3裂。蒴果近球形，无毛；种子卵圆形或卵状三棱形，黑色或暗褐色，表面粗糙。

成 株

缠绕茎和叶

花 序

【繁殖特性】华北地区4—5月出苗，花期6—9月，果期9—10月。种子繁殖。

玄参科（Scrophulariaceae）

草本、灌木或乔木。单叶对生或互生。花两性，两侧对称，单生或构成穗状、总状或圆锥花序；花萼4或5裂，常宿存；花冠4或5裂，常二唇状；雄蕊4，两两成对，着生于花冠管上；子房上位，2室，花柱单生。蒴果。本科有杂草23属，47种，其中烟田杂草有7属，15种。

通 泉 草

【学名】*Mazus japonicus*

【分布及危害】除内蒙古、宁夏、青海及新疆外，广布于全国各地，已侵入重庆等11个烟区，在重庆和湖南等烟区危害严重，在湖北烟区危害中度，在陕西、贵州、安徽、广东、江西、四川等烟区危害轻，在河南和云南烟区零星发生。

【形态特征】

幼苗：子叶出土幼苗，除下胚轴外全株密被微小腺毛。子叶阔卵状三角形，长约3mm，宽约2.5mm，全缘，先端渐尖。初生叶2片，对生，叶缘微波状。

成株：一年生草本，高5～30cm，直立或倾斜，基部多分枝。基生叶少至多数，有时排成莲座状或早落；茎生叶对生或互生，叶倒卵形至匙形，长2～6cm，宽0.6～1.7cm，基部楔形，下延成带翅的叶柄，边缘具不规则的粗齿，或基部有1～2

幼　苗

花　株

花

群　体

花　枝

片浅羽裂。总状花序顶生；花萼钟状，果期增大；花冠白色、紫色或蓝色，上唇短，下唇有黄色、白色或紫色斑点及腺毛；雄蕊4，二强，着生在花冠筒上，药室极叉开；子房上位，无毛。蒴果近球形；种子小而多数，黄色。

【繁殖特性】花、果期4—10月。种子繁殖。

地 黄

【学名】*Rehmannia glutinosa*

【俗名】婆婆丁、米罐棵、蜜糖管

【分布及危害】分布于东北、华北、华东等地，已侵入四川和河南2个省的烟田，但危害较轻。

【形态特征】

幼苗：子叶出土幼苗，全体密被腺毛。上胚轴与下胚轴均不发达。子叶长约0.4cm，三角状卵形，先端微钝，叶柄与叶片几乎等长。初生叶1片，卵形，先端钝，边缘微波状，基部楔形，具柄；后生叶的叶面有皱纹，边缘具不整齐钝齿。

成株：多年生草本。有粗壮的肉质根和根状茎，鲜时黄色。株高10～30cm，全株密被白色或淡褐色长柔毛及长腺毛。叶通常在茎基部集成莲座状，向上则强烈缩小成苞片，或逐渐缩小而在茎上互生；叶片倒卵状披针形至长椭圆形，叶面有皱纹，表面绿色，背面略带紫色，长2～13cm，宽1～6cm，先端钝，基部渐狭成长叶柄，边缘具不规则圆齿或钝锯齿或尖齿，叶脉在表面凹陷，在背面隆起。总状花序顶生，密被腺毛，有时自茎基部生花；花梗长1～3cm，苞片叶状，下部的大，上部的小；花萼筒部坛状，萼齿5，裂片三角形，长3～5mm，后面1枚略长，反折；花略下垂，花冠筒状，长3～4cm，紫红色，先端二唇形，上唇2裂反折，下唇3裂片伸直，长方形，顶端微凹，长0.8～1cm；雄蕊4，着生于花冠筒近基部；子房卵形，2室，花后渐变1室，花柱细长，柱头2裂，裂片扇形。蒴果卵球形，长1～1.6cm，先端具喙，室背开裂；种子多数，卵形，黑褐色，表面有蜂窝状膜质网眼。

幼 苗　　　　　　　　　　　　　　成株，示根状茎

群　体　　　　　　　　　　　　　　　花　株

【繁殖特性】花期4—6月，果期6—7月。种子繁殖。

婆 婆 纳

【学名】*Veronica didyma*

【分布及危害】分布于西北、华东、华中、西南等地，已侵入贵州等6个烟区，在贵州烟区危害中度，在广西、陕西、重庆、四川和江西等烟区危害轻。

【形态特征】

幼苗：子叶出土幼苗，下胚轴较发达。子叶卵形，长5～6mm，宽3～4mm，先端钝，基部渐狭，柄与叶近等长。初生叶2片，三角状卵形，柄有白色柔毛。

成株：一年生或二年生草本。茎自基部分枝成丛，匍匐或先端向上斜生，纤细，有白色柔毛，长10～40cm。叶对生，具短柄，叶片三角状圆形，长8～15mm，宽10～18mm，先端钝，基部截形至心形，边缘有稀钝锯齿。总状花序顶生；苞叶与茎生叶同型，互生；花生于苞腋，花梗略短于苞叶，结果后向下垂；花萼4深裂，裂片卵形，

成株群体　　　　　　　　　　　　　　花

被柔毛；花冠淡紫色，辐状，直径4～8mm，有深红色脉纹，裂片4片，筒部极短。蒴果近肾形，中央有纵沟分为两部分，各部略成球形，密被柔毛；种子卵形，腹面深凹呈小瓢状，有波状纵皱纹，淡黄色至黄褐色，长1～2mm，宽约1mm。

【繁殖特性】花期3—5月。种子繁殖。种子于4月渐次成熟，经3～4个月的休眠后萌发。

阿拉伯婆婆纳

【学名】*Veronica persica*

【俗名】波斯婆婆纳、大婆婆纳

【分布及危害】西南、华东及华中均有分布，已侵入贵州等5个烟区，在贵州烟区危害中度，在湖南、湖北、重庆等烟区危害轻，在河南烟区零星发生。

【形态特征】

幼苗：子叶出土幼苗，上、下胚轴均较发达。子叶阔卵形，全缘，先端钝圆，基部圆形。初生叶2片，对生，卵状三角形，先端钝圆，基部心形，边缘具2～3对锯齿。

成株：一年生或二年生草本。茎下部伏生于地面，基部多分枝，斜上，高10～50cm；叶在茎基部对生，上部互生，具短柄，卵形或圆形，长1～2cm，基部浅心形，边缘具钝齿，两面疏生柔毛。总状花序；苞片互生，与叶同形且几乎等大；花梗比苞片长；萼裂片4，卵状披针形；花冠蓝色，裂片4，卵形至圆形；雄蕊2枚，生于花冠上；子房上位。蒴果肾形，长约5mm，具宿存花柱。

幼苗

群体

花枝

【繁殖特性】花期3—4月，果期4—5月。种子繁殖。

爵床科（Acanthaceae）

多年生草本或藤本，稀为灌木和乔木。叶对生或轮生，稀互生，常有明显的钟乳体，无托叶。花通常两性和有明显的苞片，两侧对称，常排成总状、穗状、聚伞状或头状花序，稀为单生或丛生；花萼4～5裂；花冠合生，先端5裂，二唇形，有时为单唇形；雄蕊4，二强，或雄蕊2，花药2室，纵裂；雌蕊由2心皮组成，子房上位，着生于花盘上。蒴果，常成棒状，多自顶端向下裂开，裂片卷曲而离开中轴，内有2至多数种子；种子着生在胎座的钩状或杯状突起上。本科约有250属，3 000种左右，主要分布于热带地区。我国约有50属，400多种。

板 蓝

【学名】*Strobilanthes cusia*

【俗名】马蓝

【分布及危害】分布于广东、海南、香港、台湾、广西、云南、贵州、四川、福建、浙江。

【形态特征】多年生草本，一次性结实。茎直立或基部外倾，稍木质化，高约1m，通常成对分枝，幼嫩部分和花序均被锈色、鳞片状毛。叶柔软，纸质，椭圆形或卵形，长10～25cm，宽4～9cm，顶端渐尖，基部楔形，边缘有稍粗的锯齿，两面无毛，干时黑色；侧脉每边约8条，两面均凸起；叶柄长1.5～2cm。穗状花序直立，长10～30cm；苞片对生，长1.5～2.5cm。蒴果长2～2.2cm，无毛。种子卵形，长约3.5mm。

枝 叶

花 期

【繁殖特性】花期11月。

爵 床

【学名】*Justicia procumbens*

【分布及危害】分布于山东、浙江、江西、湖北、四川、福建及台湾等地。

【形态特征】细弱草本。茎基部匍匐，通常有短硬毛，高20～50cm。叶椭圆形至椭圆状长圆形，长1.5～3.5cm；先端尖或钝，常生短硬毛。穗状花序顶生或生于上部叶腋，长1～3cm，宽6～12cm；苞片1，小苞片2，均披针形，长4～5mm，有睫毛；花萼裂片4，条形，约与苞片等长，有膜质边缘和睫毛；花冠粉红色，长约7mm，二唇形，下唇3浅裂；雄蕊2，2药室不等高，较低1室有尾状附属物。蒴果条形，长约6mm，上部有种子4，下部实心似柄状。种子表面有瘤状皱纹。

群 体

花 枝

【繁殖特性】花、果期8—11月。

马鞭草科（Verbenaceae）

草本。叶对生，单叶或复叶，无托叶。穗状花序或聚伞花序，花两性，两侧对称；花萼杯状、钟状或管状，4～5裂；花冠合生，4～5裂，略呈唇形；雄蕊通常4，二强，与花冠裂片互生；雌蕊由2心皮组成，子房上位，全缘或4裂，4室，花柱顶生。核果或蒴果状，常分离成数个小坚果。本科常见杂草有3属，4种，其中烟田杂草有2属，2种。

马鞭草

【学名】*Verbena officinalis*

【俗名】龙牙草、铁马鞭、风颈草

【分布及危害】西南、华南、西北及华北有分布，已侵入贵州等8个烟区，在贵州烟区危害中度，在广西、云南、四川、陕西等烟区危害较轻，在湖南、重庆和河南等烟区零星发生。

【形态特征】

幼苗：子叶出土幼苗。下胚轴明显，上胚轴不发达。子叶卵状披针形，长约4mm，宽约2mm，全缘，先端钝尖，基部阔楔形，具长柄。初生叶2片，对生，卵形，先端钝尖，叶缘有粗锯齿，叶基近圆形。

成株：多年生草本。茎四方形，高30～80cm。叶对生，卵圆形至矩圆形，长2～8cm，宽1～4cm，基生叶的边缘通常有粗锯齿和缺刻，茎生叶多数3深裂，裂片边缘有不整齐的锯齿，两面有粗毛。穗状花序顶生或腋生，每朵花有1苞片，苞片和萼片都有粗毛；花冠淡紫色或蓝色，长约4mm；雄蕊4，2枚在上，2枚在下，着生于花冠筒的上部，花丝短；子房上位，花柱长约1mm。蒴果状，成熟时分离成4个长圆形小坚果。

群 体　　　　　　　　花 序　　　　　　　　果 序

【繁殖特性】花期5—7月，果期6—8月。种子繁殖。

唇形科（Lamiaceae）

草本，常含芳香油。茎四棱形。单叶对生，无托叶。轮伞花序，花两性，两侧对称；花萼5裂或近二唇形，宿存；花冠5裂，二唇形；雄蕊4，二强或有时退化成2，着生于花冠筒上；雌蕊2心皮，子房上位，常4裂成4室，每室1胚珠，柱头2裂。果为4个小坚果。本科有杂草28属，44种，其中烟田杂草有18属，23种。

香 薷

【学名】*Elsholtzia ciliata*

【俗名】水荆芥、臭荆芥、野苏麻

【分布及危害】分布于除青海和新疆外的全国各地，已侵入7个烟区，在陕西、云南、贵州、吉林等烟区危害轻，在湖北、辽宁和黑龙江等烟区零星发生。

【形态特征】

幼苗：子叶出土幼苗。

成株：一年生草本，高30～50cm，被倒向疏柔毛，下部常脱落。叶片卵形或椭圆状披针形，长3～9cm，叶背密布橙色腺点；叶柄长0.5～3cm，有毛。轮伞花序多花，组成偏向一侧且顶生的假穗状花序，长达2～7cm，被疏柔毛；苞片宽卵圆形，长、宽均约3mm，顶端针芒状，具睫毛，外面近无毛而被橙色腺点；花萼钟状，长约1.5mm，外面被毛，5齿；花冠淡紫色，外被柔毛，上唇直立，顶端微凹，下唇3裂，中裂片半圆形；雄蕊4，前对较长，外伸，花药紫黑色；花柱内藏，先端2浅裂。小坚果矩圆形，长约1mm，棕黄色，光滑。

成 株

花 枝

【繁殖特性】花期7—9月，果期10月。种子繁殖。

海州香薷

【学名】*Elsholtzia splendens*

【分布及危害】分布于辽宁、河北、河南、山东、江苏、江西、浙江、湖北、广东等地，在湖北烟区危害中度。

【形态特征】

幼苗：子叶出土幼苗。

成株：一年生直立草本，高20～40cm，被短柔毛。叶片矩圆状披针形至披针形，长3～6cm，宽0.8～2.5cm，先端渐尖，基部楔形且下延至叶柄，边缘疏生锯齿，锯齿整齐，锐或稍钝，腹面绿色，疏被小纤毛，脉上较密，背面较淡，沿脉上被小纤毛，密布凹陷腺点；茎中部叶柄较长，向上变短，长0.5～1.5cm，腹凹背凸，腹

幼 苗

面被短柔毛。假穗状花序顶生，偏向一侧，长3.5～4.5cm，由多数轮伞花序所组成；苞片近圆形或宽卵圆形，长约5mm，宽6～7mm，先端具尾状骤尖，尖头长1～1.5mm，除边缘被小缘毛外余部无毛，极疏生腺点，染紫色；花梗长不及1mm，近无毛，序轴被短柔毛；花萼钟形，长2～2.5mm，外面被白色短硬毛，具腺点，萼齿5，三角形，近相等，先端刺芒状，边缘具缘毛；花冠红紫色，长6～7mm，微内弯，近漏斗形，外面密被柔毛，内面有毛环，冠筒基部宽约0.5mm，向上渐宽，至喉部宽不及2mm，冠檐二唇形，上唇直立，先端微缺，下唇开展，3裂，中裂片圆形，全缘，侧裂片截形或近圆形；雄蕊4，前对较长，均伸出，花丝无毛；花柱超出雄蕊，先端近相等2浅裂，裂片钻形。

群 体

成 株

小坚果长圆形，长约1.5mm，黑棕色，具小疣。

【繁殖特性】花、果期9—11月。种子繁殖。

宝 盖 草

【学名】*Lamium amplexicaule*

【俗名】佛座草、珍珠莲、接骨草、莲台夏枯草

【分布及危害】分布于华东、华中、西北、西南等地区，已侵入云南等3个烟区，在云南和贵州烟区危害轻，在河南烟区零星发生。

【形态特征】

幼苗：子叶出土幼苗。下胚轴极发达，上胚轴不发达，紫红色。子叶近圆形，长、宽各5.5mm，先端微凹，中央有一突尖，具长柄。初生叶对生，略呈肾形，先端钝圆，叶缘有圆锯齿，叶基心形；后生叶阔卵形，其他与初生叶相似。

成株：一年生或二年生草本，高10～30cm。基部多分枝，上升，紫色或深蓝色，几乎无毛，中空。下部叶具长柄，上部叶无柄，叶片均圆形或肾形，长1～2cm，宽0.7～1.5cm，先端圆，基部截形或截状阔楔形，半抱茎，叶缘具深圆齿，两面均疏生小糙伏毛。轮伞花序6～10花；苞片披针状钻形，具缘毛；花萼管状钟形，长4～5mm，宽1.7～2mm，外面密被白色直伸的长柔毛，萼齿5，近等大；花冠紫红色，长约1.7cm，外面除上唇被较密带紫红色的短柔毛外，其余均被微柔毛，内面无毛环，花冠筒细长，上唇直伸，长圆形，下唇3裂，中裂片倒心形，先端深凹；花丝无毛，花药有白毛；花柱先端不相等2浅裂；花盘杯状，具圆齿。小坚果倒卵圆形，具3棱，长约2mm，宽约1mm，淡灰黄色，表面有白色的大疣突。

幼 苗

群 体

成　株　　　　　　　　　　　　　　　轮伞花序

【繁殖特性】花期3—5月，果期6—8月。种子繁殖。

益母草

【学名】*Leonurus japonicus*

【俗名】茺蔚

【分布及危害】分布于全国各地，已侵入广西等9个烟区，在广西烟区危害中度，在广东、湖南、江西、吉林、云南和四川等烟区危害轻，在重庆和河南等烟区零星发生。

【形态特征】

幼苗：子叶出土幼苗，除子叶外全体被白色短毛，下胚轴发达。子叶近圆形，长约0.7cm，先端微凹，基部心形，有柄。初生叶2片，对生，椭圆形，先端钝，基部心形，边缘有钝齿，叶脉明显。

成株：一年生或二年生直立草本，高30～120cm，有倒向糙伏毛。茎下部叶轮廓卵形，掌状3裂，裂片再细裂；中部叶通常3裂成短圆形的裂片；花序上的叶呈条形或条状披针形，全缘或具稀齿；叶柄长2～3cm至近无柄。轮伞花序轮廓圆形，直径2～2.5cm，下有针刺状苞片；花萼筒状钟形，长6～8mm，齿5，前2齿靠合；花冠粉红色或紫红色，长1～1.2cm，花冠筒内有毛环，檐部二唇形，上唇外被柔毛，下唇3裂，中裂片倒心形；雄蕊4，延伸至上唇片之下；花柱丝状，先端等2浅裂，子房无毛。小坚果矩圆状三棱形，淡褐色，光滑。

群　体

花　枝

【繁殖特性】花期6—9月，果期9—10月。种子繁殖。

薄　荷

【学名】*Mentha canadensis*

【俗名】野薄荷、土薄荷、水薄荷、鱼香草

【分布及危害】分布于全国各地，已侵入湖南等5个烟区的烟田，在湖南、陕西、广东、四川等烟区危害轻，在重庆烟区零星发生。

【形态特征】

幼苗：子叶出土幼苗。上、下胚轴均发达，并具短柔毛。子叶倒肾形，长约3mm，宽约3.5mm，先端微凹，叶基圆形，具长柄。初生叶对生，阔卵形，先端钝尖，叶基阔楔形，全缘，有1条中脉，叶柄长；后生叶叶缘微波状或具粗锯齿，有羽状网脉。

成株：多年生草本，高30～60cm。茎上部直立，被倒向微柔毛，下部倾卧匍匐，茎节有不定根，多分枝；叶对生，具短柄；叶片长圆状被针形、椭圆形或披针状卵形，长3～7cm，宽0.8～3cm，先端锐尖，基部楔形至近圆形，边缘疏生粗大锯齿，两面沿脉生微柔毛。轮伞花序腋生，球形；花萼管状钟形，长约2.5mm，外被微毛及腺点，10脉，齿5，狭三角状钻形；花冠淡紫色，长约4mm，外面略被微毛，内面在喉部下也被有微柔毛，冠檐4裂，上裂片先端2裂，较大，其余3裂近等大；雄蕊4，前对较长，均伸出于花冠之外；花柱略超出雄蕊，先端近相等2浅裂。小坚果卵球形，长0.7～1mm，黄灰色或栗褐色，有光泽，表面具小腺窝，腹面近基部中央有一锐利小棱，将果脐从中央分成两个椭圆体。

幼　苗　　　　　　　　　成　株

群　体

【繁殖特性】花期7—9月，果期8—10月。以种子和根状茎繁殖。

白　苏

【学名】*Perilla frutescens*
【俗名】紫苏、青苏、白紫苏、香苏
【分布及危害】在全国各地都有栽培，已侵入重庆等6个烟区，在重庆烟区危害中度，在湖南、安徽、江西等烟区危害轻，在广西和湖北等烟区零星发生。

【形态特征】

幼苗：子叶出土幼苗。上、下胚轴均发达，紫红色，被柔毛。子叶倒肾形，长约5mm，宽约6.5mm，先端微凹，基部截形，具长柄。初生叶阔卵形，先端急尖，叶基圆形，边缘有粗锯齿，叶片绿色或紫红色，有油点，具叶柄；后生叶与初生叶相似。

成株：一年生草本，高0.3～2m。茎直立，绿色或紫色，密被长柔毛，基部木质化。叶阔卵形或圆形，长7～13cm，宽4.5～10cm，两面绿色或紫色，或仅背面紫色，两面均被毛，先端突尖、渐尖或尾尖，基部圆形或阔楔形，边缘有粗锯齿；叶柄长3～5cm，被毛。轮伞花序2花，组成密被长柔毛、偏向一侧的顶生及腋生总状花序，长1.5～15cm；苞片宽卵形或近圆形，外被红褐色腺点，无毛，边缘膜质；花萼钟形，10脉，直伸，下部被长柔毛，夹有黄色腺点，内面喉部有疏柔毛环，果时增大，萼檐3/2式二唇形；花冠白色至紫红色，二唇形，上唇先端微凹，下唇3裂，中裂片较大；雄蕊4，几乎不伸出，前对稍长，药2室，平行，后叉开；花柱先端相等2浅裂，花盘前方呈指状膨大。小坚果近球形，直径约1.5mm，灰褐色，具网纹。

幼　苗

群　体

成　株

【繁殖特性】花期8—10月，果期10—12月。种子繁殖。

夏 枯 草

【学名】*Prunella vulgaris*

【俗名】铁线夏枯、铁色草、牯牛岭、欧夏枯草

【分布及危害】分布于东北、华北、华东、西南等地区，已侵入贵州等3个烟区，在贵州烟区危害中度，在湖南和四川烟区危害轻。

【形态特征】

幼苗：子叶出土幼苗。但上、下胚轴均不发达，紫红色。子叶肾形，长5～6mm，宽约7mm，先端微凹，叶基截形，具长柄。初生叶2片对生，阔卵形，先端钝尖，叶基圆形，叶缘微波状，具长柄。

成株：多年生草本。根状茎匍匐；株高20～30cm，自基部多分枝，紫红色，疏被糙毛或近无毛。叶卵状长圆形或卵圆形，长1.5～6cm，宽0.7～2.5cm，先端钝，基部下延至叶柄成狭翅，边缘具不明显波状齿或全缘，两面几乎无毛。轮伞花序密集组成2～4cm长的顶生假穗状花序；苞片宽心形，先端具短尖头；花萼钟形，长约1cm，外面疏生刚毛，上唇具不明显3齿，下唇2齿；花冠紫红色，长约1.3cm，内面近基部有鳞毛毛环，冠檐上唇近圆形，内凹，先端微缺，下唇3裂，中裂片较大，先端边缘具流苏状小裂片，侧裂片长圆形，下垂；雄蕊4，前对较长，花丝先端2裂，1裂片具花药，另一裂片钻形且长过花药，后对花药不育；子房无毛，花柱顶端等2裂。小坚果黄褐色，长圆状卵球形，长约1.8mm，宽约0.9mm，微具沟纹。

群 体

花 枝

【繁殖特性】花期5—7月，果期8—9月。种子繁殖和根状茎营养繁殖。

荔 枝 草

【学名】*Salvia plebeia*

【俗名】野苏麻、虾蟆草

【分布及危害】分布于除新疆、甘肃、青海及西藏外的全国各地，侵入广东等9个烟区，在广东烟区危害严重，在湖南、云南和江西等烟区危害中度，在广西、贵州和安徽等烟区危害轻，在河南、山东烟区零星发生。

【形态特征】

幼苗：子叶出土幼苗。下胚轴较发达，上胚轴不发育。子叶阔卵形，长约2mm，宽约2mm，先端钝圆，叶基圆形，具柄。初生叶对生，阔卵形，先端钝圆，叶基楔形，叶缘微波状，有1条明显中脉，具叶柄；后生叶椭圆形，叶缘波状，表面微皱，有明显羽状叶脉。

成株：一年生或二年生草本，高15～90cm。茎方形，多分枝，被倒向疏柔毛；叶长圆状披针形，长2～6cm，宽0.8～2.5cm，先端钝或急尖，基部圆形或楔形，边缘有圆齿、

幼 苗

牙齿或尖锯齿，两面被疏毛，背面有金黄色腺点。轮伞花序有2～6朵花，组成假总状花序或圆锥花序；花萼钟形，外被金黄色腺点及柔毛，二唇形，上唇顶端具3短尖头，下唇2齿；花冠唇形，淡紫色至蓝紫色，长约4.5mm，外面有毛，筒内基部有毛环，上唇长圆形，顶端有凹口，下唇3裂，中裂片宽倒心形；雄蕊2，药隔细长，药室分离甚远，上端的药室发育，下端的药室不发育；花柱先端不等2裂；花盘前方微隆起。小坚果倒

群 体

成　株　　　　　　　　　　　　　　　花　枝

卵圆形，直径约0.4mm，褐色，平滑，有腺点。

【繁殖特性】花期4—5月，果期6—7月。种子繁殖。

泽泻科（Alismataceae）

沼生或水生草本，具球茎或根状茎。叶大多数基生，直立或浮水以至沉水。花序总状或圆锥状，花被2轮，外轮3片花萼状，内轮3片花瓣状；雄蕊6至多数，稀3，心皮分离，6至多数，稀3，子房上位，1室，有1倒生胚珠，稀较多。瘦果，稀蓇葖果，常聚合生。种子没有胚乳，胚为马蹄形弯曲。本科有杂草3属，6种，其中烟田杂草有1属，1种。

野 慈 姑

【学名】*Sagittaria trifolia*

【俗名】慈姑、剪刀草、燕尾草

【分布及危害】全国各地均有分布。对水田烟草有一定危害，与烟草竞争营养，为烟草整个生长季一般性杂草。

【形态特征】

幼苗：子叶出土幼苗。子叶针状，先端微弯。下胚轴非常发达，其下端与初生根相接处有一膨大球形的颈环，表面密生细长根毛，上胚轴不发育。初生叶1片，单叶，带状披针形，先端渐尖，全缘，叶基渐窄，叶片的数条纵脉及其之间的许多横脉，构成方格状网脉，无叶柄。后生叶与初生叶相似，露出水面的后生叶逐渐变为箭形叶。幼苗全株光滑无毛。

成株：多年生水生或沼生草本。根状茎横走，较粗壮，末端膨大或否。挺水叶箭形，叶片长短、宽窄变异很大，通常顶裂片短于侧裂片；叶柄基部渐宽，鞘状，边缘膜质，具横脉，或不明显。花葶直立，挺水；花序总状或圆锥状，具分枝1～2枚，具花多轮，每轮2～3花；花单性；花被片反折，外轮花被片椭圆形或广卵形；内轮花被片白色或淡黄色。瘦果两侧压扁，倒卵形，具翅，背翅多少不整齐；果喙短，自腹侧斜上。种子褐色。

叶与花序   果

【繁殖特性】花期7—10月，果期10—11月。种子和球茎繁殖。

鸭跖草科（Commelinaceae）

一年生或多年生草本。茎节明显。叶互生，叶鞘开口或闭合。蝎尾状聚伞花序单生或集成圆锥花序，顶生或腋生，腋生的花序有的穿鞘而出。花两性；萼片3，常舟状或龙骨状或盔状；花瓣3，多为分离；雄蕊6，全育或仅2～3枚能育而有1～3枚退化雄蕊，花丝有念珠状长毛或无毛，退化雄蕊顶端各式（4裂成蝴蝶状，或3全裂，或2裂又开呈哑铃状，或不裂）；子房3室或退化为2室。蒴果，多为室背开裂。种子有棱。主要分布于热带和亚热带地区，我国以南部分布较多。本科全世界有38属，约500种，我国包括引入的有15属，51种。

饭包草

【学名】*Commelina bengalensis*

【分布及危害】分布于广西、陕西烟区。在烟田危害中级。

【形态特征】多年生匍匐草本。茎上部直立，基部匍匐，被疏柔毛。叶明显具柄；叶片椭圆状卵形或卵形，顶端钝或急尖，基部圆形或渐狭成阔柄状，边缘全缘但具毛，略波状，两面被短柔毛或疏长毛或近无毛；叶鞘和叶柄被短柔毛或疏长毛。聚伞花序，苞片漏斗状而压扁，被疏毛，与上部叶对生或1～3个聚生，无花序梗或梗极短；花梗短；萼片膜质，披针形，无毛；花瓣蓝色；雄蕊6，3枚能育，花丝无毛；子房长柱形，具棱，无毛。蒴果椭球形，膜质，具种子5粒。种子黑色，表面有窝点及皱纹。

成　株

幼　苗

花　枝

【繁殖特性】以匍匐茎或以种子繁殖。喜高温潮湿，耐阴。花期夏秋，果期11—12月。

鸭跖草

【学名】*Commelina communis*

【分布及危害】各调查烟区均有分布。烟田发生程度偏重。

【形态特征】

幼苗：子叶顶端膨大，其鞘质膜包着部分上胚轴，下胚轴发达，紫红色。初生叶卵形，叶鞘闭合，叶基及鞘口均有柔毛；后生叶卵形或披针形，叶基阔楔形。

成株：一年生草本。茎圆柱形，肉质，多分枝，下部匍匐生长，上部直立或斜生。叶互生，略肉质；卵状披针形，基部下延成鞘，全缘。苞片佛焰状；花被6，2列，内列3片中的前1片白色，卵状披针形，基部有爪，后2片深蓝色，卵圆形，基部亦具爪；雄蕊6，后3枚退化，前3枚发育；雌蕊1。蒴果压扁状，熟时2瓣裂，含种子4粒。种子表面有皱纹及窝点。

幼 苗

成 株

花 枝

种 子

【繁殖特性】花、果期6—10月。发芽适温15～20℃。种子繁殖或自根茎萌生，喜温暖湿润气候，耐寒。

百合科（Liliaceae）

草本，具根状茎、鳞茎、球茎。地上茎直立或攀缘状。单叶互生，有时退化成鳞片状。花序总状、穗状、圆锥状或伞形，少数为聚伞花序；花两性，辐射对称，多为虫媒花，常3基数；花被花瓣状，裂片常6，排成2轮；雄蕊常6，子房上位，通常3室为中轴胎座，稀1室为侧膜胎座，每室有少至多数胚珠。蒴果或浆果。本科有杂草4属，5种，其中烟田杂草有1属，1种，本图鉴介绍1种。

薤 白

【学名】*Allium macrostemon*

【俗名】小根蒜、山蒜、苦蒜、小根菜、小根菜、大脑瓜儿

【分布及危害】除新疆和青海以外，各地均有分布。与烟草竞争营养，对旱田烟草有一定危害，为烟草生长季一般性杂草，是陕西烟田恶性杂草之一。

【形态特征】

幼苗：子叶出土，披针形。上、下胚轴均不发育。初生叶1片，半圆柱形，中空。

幼 苗

全 株

鳞 茎

成株：多年生草本。鳞茎近球状，基部常具小鳞茎。叶3～5枚，半圆柱状，中空，上面具沟槽，比花葶短。花葶圆柱状，1/4～1/3被叶鞘；总苞2裂，比花序短；伞形花序半球状至球状，具多而密集的花，或间具珠芽或有时全为珠芽；珠芽暗紫色，基部亦具小苞片；小花梗近等长；花淡紫色或淡红色；花被片矩圆状卵形。蒴果卵圆形，具3棱。种子近圆肾形，黑褐色。

【繁殖特性】花、果期5—7月。鳞茎或珠芽繁殖。

天南星科（Araceae）

草本植物，具块茎或延长的根状茎；稀为攀缘状灌木或附生藤本，植物体多有乳汁。叶单一或少数，有时于花后出现，通常基生，如茎生则为互生，二列或螺旋状排列。叶片全缘时常呈戟形或箭形箭头状，或分裂成掌状、鸟足状、羽状；大多具网状脉，稀具平行脉；叶柄基部或一部分呈鞘状。花小或微小，常极臭，排列成肉穗花序包在一枚大型的佛焰苞内，雄花位于肉穗的上部，雌花则在下部，少有雌雄异株。浆果。主要分布于热带、亚热带和温带地区。遍布我国各地。本科全球有115属，2 100种。中国35属，206种，有些为栽培种，药用或观赏。

独 角 莲

【学名】*Sauromatum giganteum*

【分布及危害】我国特有，分布于河北、山东、吉林、辽宁、河南、湖北、陕西、甘肃、四川及西藏南部。其生长季恰逢其所危害作物的生长季。

【形态特征】

幼苗：叶柄长而肥厚，叶片宽卵状椭圆形或三角状卵形，基部箭形。

成株：多年生草本。块茎卵球形或短柱形，外被黑褐色小鳞片，上有须根20～40条，无地上茎。叶基出，叶柄长而肥厚，其基成鞘。二年生植株上仅有一叶；三至四年生叶2～4片，叶片卵状椭圆形或三角状卵形，基部箭形，侧脉6～10对。花葶圆柱形，有紫色纵条斑点，佛焰苞全长10～15cm，下部筒长4～5cm，上部开展，顶端渐尖；肉穗花序全长8～10cm，顶端延长部分为紫色，棒状附属体长不超过佛焰苞；花单性，雌雄同序，雄花在上部，雌花在下部，中间不育部分长约2.5cm，上有肉质条状突起，无花被；雄花有雄蕊1～3，雌花子房顶端近6角形。浆果长约1cm，熟时红色。

幼　叶

群　体

成　株

【繁殖特性】6—8月开花，7—9月果熟。以种子繁殖。果熟种子落在土壤上，翌年春季发芽成苗。

灯心草科（Juncaceae）

一年生或多年生草本。常丛生，有直伸或横走的根状茎。叶多基生，也有茎生；叶片条形或圆柱形，基部有鞘，有时叶片退化，仅存叶鞘。花序圆锥状、伞房状或头状，稀单生；花两性；花被片绿色、白色、褐色，常为革质，稀为干膜质，花被片6，通常排成2轮，每轮3；雄蕊6或3，与花被片对生；雌蕊1，子房上位，1室或3室，花柱细，柱头3裂。蒴果室背开裂成3瓣。种子多数或3枚，细小，常有尾状物。本科约有8属，300余种；主要分布于南北两半球的温带地区。我国有2属，约80种；分布于全国各地。

灯心草

【学名】*Juncus effusus*

【俗名】灯草、水灯花、水灯心、蔺草、龙须草、野席草、马棕根

【分布及危害】分布于全国各地。

【形态特征】多年生草本。有短缩的横生根状茎，密生不定根。秆直立，丛生，高40～100cm，直径1.5～4mm，绿色，内部充满乳白色髓。基部有红褐色鳞片状叶，长达15cm，先端有细芒状小刺。花序假侧生，聚伞状，有的紧缩成球形，有的有疏散开展的分枝；花长2～2.5mm，灰黄色；花被片6，狭披针形，先端尖，外轮较内轮稍长，边缘膜质；雄蕊通常3，稀4或6，长为花被片的1/2，花药短于花丝；花柱很短。蒴果长圆形，略短于花被片或与花被片等长，顶端钝或微凹；种子多数，黄褐色，卵状长圆形，长约0.5mm。

花 株

花 枝

【繁殖特性】花期5—6月，果期7—8月。

笄石菖

【学名】 *Juncus prismatocarpus*

【分布及危害】 分布于我国山东、江苏、安徽、浙江、江西、福建、台湾、湖北、湖南、广东、海南、广西、四川、贵州、云南、西藏。

【形态特征】 多年生草本，高17～65cm。具根状茎和多数黄褐色不定根。茎丛生，直立或斜上，有时平卧，圆柱形，或稍扁，直径1～3mm，下部节上有时生不定根。叶基生和茎生，短于花序；基生叶少；茎生叶2～4枚；叶片线形通常扁平，长10～25cm，宽2～4mm，顶端渐尖，具不完全横隔，绿色；叶鞘边缘膜质，长2～10cm，有时带红褐色；叶耳稍钝。花序由5～30个头状花序组成，排列成顶生复聚伞花序，花序常分枝，具长短不等的花序梗；头状花序半球形至近圆球形，直径7～10mm，有4～20朵花；叶状总苞片常1枚，线形，短于花序；苞片多枚，宽卵形或卵状披针形，长2～2.5mm，顶端锐尖或尾尖，膜质，背部中央有1脉；花具短梗；花被片线状披针形至狭披针形，长3.5～4mm，宽约1mm，内外轮等长或内轮者稍短，顶端尖锐，背面有纵脉，边缘狭膜质，绿色或淡红褐色；雄蕊通常3，花药线形，长0.9～1mm，淡黄色；花丝长1.2～1.4mm；花柱甚短；柱头3分叉，细长，常弯曲。蒴果三棱状圆锥形，长3.8～4.5mm，顶端具短尖头，1室，淡褐色或黄褐色。种子长卵形，长0.6～0.8mm，具短小尖头，蜡黄色，表面具纵条纹及细微横纹。

群 体

花 枝

【繁殖特性】 花期3—6月，果期7—8月。

莎草科（Cyperaceae）

多年生或一年生草本。常有根状茎。秆常呈三棱形。叶基生和秆生；条形，有时仅有叶鞘而无叶片；叶鞘闭合。花序由小穗排列成穗状、总状、圆锥状、头状或聚伞花序，有时小穗单生；小穗由2至多数带鳞片的花组成；花两性或单性，单生于鳞片腋内；鳞片在小穗轴上螺旋状或2行排列；无花被，或花被退化为下位刚毛；雄蕊1～3，花药底生，2室；子房上位，1室，有1枚基生胚珠；花柱单一，柱头2～3。果为小坚果，有的被果囊所包被，三棱形、双凸状、平凸状或球形等，表面光滑或有各式花纹或细点。本科约有80属，4 000种；广布于世界各大洲。我国有28属，500余种；分布于全国各地。

阿穆尔莎草

【学名】*Cyperus amuricus*

【分布及危害】分布于辽宁、吉林、河北、山西、陕西、江苏、浙江、安徽、云南、四川等地。生于山坡、路边、水边湿草地。

【形态特征】一年生草本。无根状茎。秆丛生，高5～50cm，扁三棱形。叶短于秆，宽2～4mm。叶状苞片3～5，下面2片长于花序；长侧枝聚伞花序简单，有辐射枝2～10；穗状花序蒲扇形、宽卵形或长圆形，长10～25mm，宽8～30mm；小穗排列疏松，斜展，后期平展，条形或条状披针形，长5～15mm，宽1～2mm，有8～20朵花；小穗轴有白色狭翅；鳞片排列疏松，宽倒卵形或近于圆形，先端有长约1mm微向外曲的尖头，有5条脉，中间绿色，两侧紫红色或褐色；雄蕊3，花药短；花柱极短，柱头3。小坚果三棱状倒卵形或长圆形，与鳞片近等长，黑褐色，有密的细点。

成　株

花　枝

【繁殖特性】花、果期7 10月。

扁穗莎草

【学名】*Cyperus compressus*

【分布及危害】常生长在空旷的田野里。分布在印度、越南、日本，我国的安徽、贵州、四川、浙江、江苏、海南、福建、广东、湖北、湖南、江西、台湾及喜马拉雅山区等地。

【形态特征】丛生草本。根为不定根。秆稍纤细，高5～25cm，锐三棱形，基部具较多叶。叶短于秆，或与秆几乎等长，宽1.5～3mm，折合或平张，灰绿色；叶鞘紫褐色。苞片3～5枚，叶状，长于花序；长侧枝聚伞花序简单，具1～7个辐射枝，辐射枝最长达5cm；穗状花序近于头状；花序轴很短，具3～10个小穗；小穗排列紧密，斜展，线状披针形，长8～17mm，宽约4mm，近于四棱形，具8～20朵花；鳞片紧贴的覆瓦状排列，稍厚，卵形，顶端具稍长的芒，长约3mm，背面具龙骨状突起，中间较宽部分为绿色，两侧苍白色或麦秆色，有时有锈色斑纹，脉9～13条；雄蕊3，花药线形，药隔突出于花药顶端；花柱长，柱头3，较短。小坚果倒卵形，三棱形，侧面凹陷，长约为鳞片的1/3，深棕色，表面具密的细点。

单　株

花　枝

【繁殖特性】花、果期7—12月。

异型莎草

【学名】*Cyperus difformis*

【俗名】三角草、球花莎草、黄棵头

【分布及危害】我国大部分地区均有分布。

【形态特征】

幼苗：淡绿色至黄绿色，基部略带紫色，全体无毛；第一至第三叶较短，阔条形，稍有波状弯曲，长1～2cm，宽1～2mm，先端渐尖，质柔软。

成株：秆丛生，高2～65cm，扁三棱形。叶线形，短于秆，宽2～6mm；叶鞘褐色。苞片2～3，叶状，长于花序；长侧枝聚伞花序简单，少数复出；辐射枝3～9，长短不等；头状花序球形，具极多数小穗，直径5～15mm；小穗披针形或线形，长2～8mm，具花2～28朵；鳞片排列稍松，膜质，近于扁圆形，长不及1mm，顶端圆，中间淡黄色，两侧深红紫色或栗色，边缘白色；雄蕊2，有时1；花柱极短，柱头3。小坚果倒卵状椭圆形、三棱形，淡黄色，与鳞片近等长。

群 体

花 序

【繁殖特性】东北地区5—6月出苗，6月中下旬为出苗高峰期。花、果期7—10月，小坚果8月起逐渐成熟落地，或由风、水传播，经冬季休眠后萌发。上海地区5月上旬出苗，6月下旬起开花结籽。种子经2～3个月的休眠后即可萌发，1年可以发生2代。

褐穗莎草

【学名】*Cyperus fuscus*

【分布及危害】生于平原、湿地、水边、溪边草丛中、沼泽草甸。分布于黑龙江、吉林、辽宁、内蒙古、北京、河北、山西、陕西、新疆、云南。

【形态特征】秆丛生，直立，三棱形，较细弱，高15～30cm。叶较秆长或短，宽2～4mm，边缘稍粗糙；叶鞘带紫红色。长侧枝聚伞花序复出，有1～6个长短不等的辐射枝，小穗常多个聚集成头状。小穗线形。鳞片宽卵形，顶端钝，中央黄绿色，两侧红褐色。小坚果椭圆形或倒卵状椭圆形，有3棱，淡黄色，有细小的网孔。

花 枝

花 序

【繁殖特性】5月出苗，花期6—8月，果期8—10月。种子繁殖。

叠穗莎草

【学名】*Cyperus imbricatus*

【俗名】聚穗莎草

【分布及危害】生于水边沙土及路旁草丛中。分布于东北、山西、河北、河南、陕西、甘肃。

【形态特征】一年生草本，高50～90cm。根状茎短，生多数不定根。秆粗壮，散生，钝三棱形，光滑，基部稍膨大。叶线形，短于秆，宽4～8mm，先端狭尖，边缘不粗糙；叶鞘长，红棕色。花序顶生，叶状苞片3～4，长于花序，边缘粗糙；复出长侧枝聚伞花序有3～8个辐射枝，辐射枝长短不等，最长可达12cm；穗状花序无花序总梗，

花 枝

近圆形、椭圆形或长圆形，长1～3cm，宽6～15mm，有极多数的小穗，小穗多列，排列紧密，小穗线状披针形或线形，稍扁平，长5～10mm，宽1.5～2mm，有花8～16朵，小穗轴有白色透明的翅；鳞片排列疏松，膜质，近长圆形，长约2mm，棕红色，先端钝，背部无龙骨状突起，边缘内卷，脉不明显；雄蕊小，花药长圆形，暗血红色，药隔突出；花柱长，柱头3，较短。小坚果长圆状三棱形，长约1mm，灰褐色，有明显的网纹。

【繁殖特性】花期6—8月，果期8—10月。

碎米莎草

【学名】*Cyperus iria*

【俗名】三方草

【分布及危害】分布极广，几乎遍布全国。为一种常见的杂草，生长于田间、山坡、路旁阴湿处。

【形态特征】

幼苗：幼苗第一片真叶带状披针形，横剖面呈U形，纵脉间具横脉，构成方格状网脉，叶片与叶鞘间界限不明显。

成株：一年生草本。秆丛生，高8～85cm，扁三棱形。叶片长线形，短于秆，宽3～5mm，叶鞘红棕色。叶状苞片3～5枚；长侧枝聚伞花序复出，辐射枝4～9枚，长达12cm，每辐射枝具5～10个穗状花序；穗状花序长1～4cm，具小穗5～22个；小穗排列疏松，长圆形至线状披针形，压扁，长4～10mm，具花6～22朵，鳞片排列疏松，膜质，宽倒卵形，先端微缺，具短尖，有脉3～6条；雄蕊3；花柱短，柱头3。小坚果倒卵形或椭圆形、三棱形，有3锐棱，与鳞片等长，褐色。果脐圆形或方形，边缘稍隆起，色较深。

成　株　　　　　　　　　　　　　　花　序

【繁殖特性】春、夏季出苗，花、果期6—10月。

具芒碎米莎草

【学名】*Cyperus microiria*

【俗名】小碎米莎草

【分布及危害】几乎遍布全国各地。生于山坡、田间、水边湿地。

【形态特征】一年生草本，具不定根。秆丛生，高20～50cm，稍细，锐三棱形，平滑，基部具叶。叶短于秆，宽2.5～5mm，平张；叶鞘红棕色，表面稍带白色。叶状苞片3～4枚，长于花序；长侧枝聚伞花序复出或多次复出，稍密或疏展，具5～7个辐射枝；辐射枝长短不等，最长达13cm；穗状花序卵形或宽卵形或近于三角形，长2～4cm，宽1～3cm，具多数小穗；小穗排列稍稀，斜展，线形或线状披针形，长6～15mm，宽约1.5mm，具8～24朵花；小穗轴直，具白色透明的狭边；鳞片排列疏松，膜质，宽倒卵形，顶端圆，长约1.5mm，麦秆黄色或白色，背面具龙骨状突起；脉3～5条，绿色，中脉延伸出顶端成短尖；雄蕊3，花药长圆形；花柱极短，柱头3。小坚果倒卵形，三棱形，几乎与鳞片等长，深褐色，具密的微突出细点。

形似碎米莎草，但与其区别在于：本种鳞片有明显的突出于鳞片先端的短尖和小穗轴有白色的狭翅。

花 枝

花 株

【繁殖特性】花、果期8—10月。

旋鳞莎草

【学名】*Cyperus michelianus*

【分布及危害】分布于黑龙江、河北、河南、江苏、浙江、安徽、广东各地。多生于水边潮湿空旷的地方，路旁亦可见到。

【形态特征】一年生草本，具许多不定根。秆密丛生，高2～25cm，扁三棱形，平滑。叶长于或短于秆，宽1～2.5mm，平张或有时对折；基部叶鞘紫红色。苞片3～6枚，叶状，基部宽，较花序长很多；长侧枝聚伞花序呈头状，卵形或球形，直径5～15mm，具极多数密集小穗；小穗卵形或披针形，长3～4mm，宽约1.5mm，具10～20朵花；鳞片螺旋状排列，膜质，长圆状披针形，长约2mm，淡黄白色，稍透明，有时上部中间具黄褐色或红褐色条纹，具3～5条脉；中脉呈龙骨状突起，绿色，延伸出顶端成一短尖；雄蕊2，少1，花药长圆形；花柱长，柱头2，少3，通常具黄色乳头状突起。小坚果狭长圆形，三棱形，长为鳞片的1/3～1/2，表面包有一层白色透明疏松的细胞。

成　株　　　　　　　　　　　　花　序

【繁殖特性】花、果期6—9月。

毛轴莎草

【学名】*Cyperus pilosus*

【分布及危害】生于水田边、路旁潮湿处。分布于浙江、江西、福建、广东、海南、广西、贵州、云南、四川等地。

【形态特征】多年生草本，高30～70cm。根状茎细长。秆散生，粗壮，锐二棱形，上部较粗糙。叶片宽6～8mm，边缘粗糙；叶鞘短，淡褐色。叶状苞片3，长于花序；聚伞花序复出；穗状花序卵形，长1.5～3cm，无花序总梗；花序梗被淡黄色粗硬毛；小穗线状披针形，有花8～18，小穗轴有白色狭翅；鳞片排列稍松，宽卵形，长约2mm，先端有短尖；脉5～7，中间绿色，两侧黄褐色，边缘有白色透明的翅；雄蕊3，花药短，长圆形；花柱细长，有棕色斑，柱头3。小坚果三棱状卵形，长约1mm，具短尖，熟时黑色。

花　株

花　序

【繁殖特性】花、果期8—11月。以根茎和种子繁殖。

香附子

【学名】*Cyperus rotundus*

【分布及危害】分布于河北、陕西、广东、云南等地。主要危害烟稻轮作田，是南方烟区的重要杂草。

【形态特征】

幼苗：叶丛生于茎基部，叶鞘闭合包于茎上，叶片窄线形，长20～60cm，宽2～5mm，先端尖，全缘，具平行脉，主脉于背面隆起，质硬。

成株：茎直立，三棱形，高20～95cm。有匍匐根状茎和块根。花序复穗状，3～6个在茎顶排成伞状，基部有叶片状的总苞2～4片，与花序几乎等长或长于花序；小穗宽线形，略扁平，长1～3cm，宽约1.5mm；颖2列，排列紧密，卵形至长圆状卵形，长约3mm，膜质，两侧紫红色，有数脉；每穗着生1花，雄蕊3，柱头3。小坚果长圆状倒卵形，三棱状。

幼　株	块　茎
群　体	花　序

【繁殖特性】花期6—8月，果期7—11月。

牛 毛 毡

【学名】*Eleocharis yokoscensis*

【俗名】松毛蔺、牛毛草、绒毛头

【分布及危害】生于水田中池塘边及湿黏土中。为水稻田恶性杂草，也生于池塘边、河滩地、渠岸等湿地，尤以长江流域低湿的冷水水稻秧田及栽秧稻田，若牛毛毡覆盖度高，会大大降低水温，影响水稻生长，并且吸肥力强，防除不易，危害较大。

【形态特征】

幼苗：细针状，具白色纤细匍匐茎，长约10cm，节上生须根和枝。

成株：地上茎直立，秆密丛生，细如牛毛。株高2～12cm，绿色，叶退化，在茎基部2～3cm处具叶鞘。茎顶生1穗状花序，狭卵形至线状或椭圆形略扁，浅褐色，长2～4cm，花数朵；鳞片卵形，浅绿色，生3根刚毛，长短不一，鳞片内全有花，膜质；花柱头3裂，雄蕊3，雌蕊1。小坚果狭矩圆形，无棱，表生隆起网纹。

群　体　　　　　　　　　　　　　　　　　花　株

【繁殖特性】花、果期5—10月。以发达的地下茎繁殖，也可以种子繁殖。

夏飘拂草

【学名】*Fimbristylis aestivalis*

【分布及危害】分布于浙江、福建、广东、广西、四川、云南、海南及台湾等地。

【形态特征】一年生草本。秆密丛生，纤细，高3～12cm，扁三棱形。基生叶少数，叶片丝状，短于秆，宽0.5～1mm，边缘内卷，被疏柔毛；叶鞘短，棕色，外披长柔毛。苞片3～5，丝状，被疏硬毛。长侧枝聚伞花序复出，有3～7个辐射枝；小穗单生于一级或二级辐射枝顶端，卵形、长圆状卵形或披针形，多花；鳞片螺旋状排列，膜质，卵形或长圆形，顶端圆，有短尖，红棕色，背面具绿色龙骨状突起，有3脉。小坚果倒卵形，双凸状，黄色，近无柄，表面光滑或有时具不明显的六角状网纹。

成　株

| 花　枝 | 花　序 |

【繁殖特性】花、果期5—10月。

水 虱 草

【学名】*Fimbristylis littoralis*

【分布及危害】生于水边、田边湿地。国内分布于华东、华南、西南及河北、河南、湖北、陕西等地。

【形态特征】一年生草本。无根状茎。秆丛生，高10 ~ 60cm，扁四棱形，基部有

群　体

花　枝

1～3个无叶叶鞘。叶剑状，长于或短于秆或等于秆，边缘有细齿，先端渐狭成刚毛状，基部宽1.5～2mm；叶鞘压扁，背面呈锐龙骨状，前面有膜质的边，鞘口斜；无叶舌。苞片2～4，刚毛状，较花序短；长侧枝聚伞花序复出或多次复出，辐射枝3～6；小穗单生于辐射枝顶端，球形或卵球形，长1.5～3mm，宽1.5～2mm；鳞片膜质，卵形，先端极钝，长约1mm，有3脉，深褐色；雄蕊2；花柱基部稍膨大，无缘毛，柱头3。小坚果倒卵状三棱形，长约1mm，褐黄色，表面有横长圆形网纹和疏少的疣状突起。

【繁殖特性】花、果期7—10月。

烟台飘拂草

【学名】*Fimbristylis stauntoni*

【分布及危害】生长于耕地中、稻田埂上、沙土湿地上、杂草丛中，海拔0～660m，常与两歧飘拂草 [*F. dichotoma* (L.) Vahl] 和狗尾草 [*Setaria viridis* (L.) Beauv.] 生长在一起。分布于东北及河北、山东、河南、陕西、湖北、江苏、浙江、安徽。

【形态特征】无根状茎。秆丛生，扁三棱形，高4～40cm，具纵槽，无毛，直立，少有下弯，基部有少数叶。叶短于秆，平张，无毛，向上端渐狭，顶端急尖，宽1～2.5mm；鞘前面膜质，鞘口斜裂，淡棕色，长0.5～7cm，叶舌很短，截形，具绿毛。苞片2～3枚，叶状，稍长或稍短于花序；小苞片钻状或鳞片状，基部宽，具芒；长侧枝聚伞花序简单或复出，长1～7cm，宽1.5～7cm，具少数辐射枝；辐射枝多少张开，细，长1～7cm；小穗单生于辐射枝顶端，宽卵形或长圆形，顶端急尖、钝或圆，基部楔形，长3～7mm，宽1.5～2.5mm，有多数花；鳞片膜质，长圆状披针形，锈色，背面具绿色龙骨状突起，具1条脉，顶端具短尖，短尖不向外弯；雄蕊1，花药长约0.4mm，顶端具短尖；子房狭长圆形，花柱近圆柱状，无毛，基部膨大呈球形，柱头2～3个，幼时长约

花　枝

为花柱的1/4，成长后仅稍短于花柱。小坚果长圆形，近于圆筒状，黄白色，顶端稍膨大如盘，顶端以下缩成短颈，表面具横长的圆形网纹，长约1mm；花柱不脱落。

【繁殖特性】花、果期7—10月。

水莎草

【学名】*Cyperus serotinus*

【分布及危害】分布于全国各地，为水稻田恶性杂草，以长江流域地区的水稻产区及南方烟稻轮作区的危害较为严重。其根状茎繁殖能力强，防治困难。

【形态特征】

幼苗：种子留土萌发。第一片真叶线状披针形，叶片长约2.3cm，宽约0.7mm，横切面形状近三角形，有5条明显的平行叶脉，叶片与叶鞘之间界线不明。叶鞘膜质透明，有5条呈淡褐色的脉，第二片真叶的横切面形状呈三角形，腹面凹，有7条平行脉，第三片真叶横切面呈V形，有9条平行脉，其他与第一叶相似。

幼苗

成株：秆散生，直立，高35～100cm，粗壮，扁三棱形。具纤细的地下横走根状茎。叶基生，线形，稍粗糙，叶鞘腹面棕色。苞片3～4枚，叶状，长于花序1倍；花序长侧枝聚伞形复出，具4～7个长短不等的辐射枝；每枝有1～4个穗状小花序，每小花序具4～18个小穗；小穗条状披针形，具10～34朵小花；小穗轴有透明翅，鳞片2列，舟状，中肋绿色，两侧红褐色；雄蕊3；柱头2，具暗红色斑。小坚果椭圆形或倒卵形，平凸状，背腹压扁，面向小穗轴，长约2mm，棕色，表面具细小突起。

单株

花序

【繁殖特性】苗期5—6月，花、果期9—11月。以根状茎和种子繁殖，根状茎繁殖力强。

短叶水蜈蚣

【学名】*Kyllinga brevifolia*

【分布及危害】分布于湖北、湖南、贵州、四川、云南、安徽、浙江、江西、福建、广东、海南、广西。生长于山坡荒地、路旁草丛、田边草地、溪边、海边沙滩，海拔在600m以下。

【形态特征】根状茎长而匍匐，外被膜质、褐色的鳞片，具多数节间；节间长约1.5cm，每一节上长一秆。秆成列地散生，细弱，高7～20cm，扁三棱形，平滑，基部不膨大，具4～5个圆筒状叶鞘；最下面2个叶鞘常为干膜质，棕色，鞘口斜截形，顶端渐尖，上面2～3个叶鞘顶端具叶片。叶柔弱，短于或稍长于秆，宽2～4mm，平张，上部边缘和背面中肋上具细刺。叶状苞片3枚，极展开，后期常向下反折；穗状花序单个，极少2或3个，球形或卵球形，长5～11mm，宽4.5～10mm，具极多数密生的小穗；小

单　株

群　体

花序1

花序2

穗长圆状披针形或披针形，压扁，长约3mm，宽0.8～1mm，具1朵花；鳞片膜质，长2.8～3mm，下面鳞片短于上面的鳞片，白色，具锈斑，少为麦秆黄色，背面的龙骨状突起绿色，具刺，顶端延伸成外弯的短尖，脉5～7条；雄蕊1～3，花药线形；花柱细长，柱头2，长不及花柱的1/2。小坚果倒卵状长圆形，扁双凸状，长约为鳞片的1/2，表面具密的细点。

【繁殖特性】花、果期5—9月。

砖子苗

【学名】*Cyperus cyperoides*

【分布及危害】分布于陕西、湖北、湖南、江苏、浙江、安徽、江西、福建、台湾、广东、海南、广西、贵州、云南、四川。生长于山坡阳处、路旁草地、溪边松林下，海拔200～3 200m。

【形态特征】多年生草本。秆疏丛生，高20～60cm，锐三棱形，基部膨大。叶短于秆，线状披针形，宽0.3～0.5cm，先端渐尖，下部常折合，表面绿色，背面淡绿色，叶鞘褐色或红棕色。花序下具叶状苞片5～8片，绿色，稍海绵质，通常长于花序；长侧枝聚伞花序简单，具6～12个或更多的辐射枝，长短不等；穗状花序圆筒形或长圆形，具多数密生的小穗，小穗平展或稍下垂，线状披针形，多数集合于小伞梗顶而成一放射状的圆头花序；鳞片膜质，淡黄色或绿白色。坚果狭长圆形或三棱形。

群 体　　　　　　　　　　　　　花 枝

【繁殖特性】抽穗期在夏、秋季。

球穗扁莎

【学名】*Pycreus flavidus*

【分布及危害】生于水边湿地。国内分布于东北、华北、华东、西南及华南。

【形态特征】一年生草本。秆丛生，钝三棱形，高7～50cm。叶短于秆，宽1～2mm。苞片叶状，2～4片，长于花序；长侧枝聚伞花序简单，有1～6个辐射枝；辐射枝长短不等，每辐射枝有2～20个小穗；小穗密集成球形，展开；小穗条形或条状长圆形，极压扁，长6～18mm，宽1.5～3mm，有12～34朵花；鳞片2列，排列稍疏松，长圆状卵形，长1.5～2mm，背面龙骨状突起，绿色，有3条脉，两侧棕色或暗棕色，有白色透明窄边；雄蕊2；花柱中等长，柱头2。小坚果倒卵形，双凸状，长约为鳞片的1/3，褐色或暗褐色，有白色透明、有光泽的细胞层和微突出的细点。

成　株

花　序

【繁殖特性】花、果期6—11月。

小球穗扁莎

【学名】*Pycreus flavidus* var. *nilagiricus*

【分布及危害】分布很广，我国各地均常见到。多生长在水边湿地。

【形态特征】本种为球穗扁莎的变种，与原种的区别在于：小穗极压扁，狭窄，宽常不超过1.5mm；鳞片排列紧密，常栗色或紫褐色。

单　株　　　　　　　　　　花　序

【繁殖特性】花、果期7—9月。

萤　蔺

【学名】*Schoenoplectus juncoides*

【分布及危害】除内蒙古、甘肃、西藏尚未见到外，全国各地均有分布。生长于水田边及排、灌渠两侧，尤在耕作粗放、排水不良的老稻田中，常组成大片优势的群丛，发生量较大，危害较重，是水田常见杂草。

【形态特征】

幼苗：初生叶肥厚，线状锥形，绿色，叶背稍隆起，腹面稍凹，向基部变宽为鞘状。

成株：多年生草本。秆丛生，圆柱形，直立，高25～60cm，较纤细，平滑。秆基部有2～3个叶鞘，开口处为斜截形；无叶片。苞片1枚，为秆的延长，直立，长5～15cm。小穗2～7个聚成头状，卵形或长圆状卵形，棕色或淡棕色，多花；鳞片宽卵形或卵形，顶端具短尖，背面中央绿色，两侧浅棕色或有深棕色条纹。柱头3，下位刚毛5～6条。小坚果宽倒卵形或倒卵形，平凸状，黑色或黑褐色，有光泽。

群 体　　　　　　　　　　　　　　　花 枝

【繁殖特性】种子成熟后，随刚毛漂浮于水面，借水流传播，深层种子能保持几年不丧失发芽力。生育期5—11月，花期7—11月。以种子和根茎繁殖。

禾本科（Poaceae）

一年生、二年生或多年生草本。地下茎有或无。地上茎称为秆，秆中空而有明显的节，稀为实心秆（如甘蔗、玉米、高粱）。单叶互生，通常由叶片和叶鞘组成，竹类尚有叶柄；叶鞘包着秆（包着竹类的主秆者称箨鞘），除少数种类闭合外，都向一侧纵向开口；叶片扁平，条形、披针形或狭披针形，竹类箨鞘先端的叶片称为箨叶；叶脉平行，中脉明显或不明显；叶片与叶鞘连接处的内侧常有膜质或纤毛状的叶舌，稀无叶舌，竹类称为箨舌，叶鞘顶端两侧各有1叶耳，竹类称箨耳。花序由小穗构成，有穗状、总状及圆锥花序等；小穗有花1至多数，成2行排列于小穗轴上，基部有1～2片不含花的苞片，称为颖，在下的1片称第一颖，在上的1片称第二颖；小穗成熟脱落后，颖仍宿存于花序上，称为脱节于颖之上，小穗脱落时连颖一同脱落，称为脱节于颖之下；花两性、单性或中性，通常小，外面由外稃与内稃包被着，颖与外稃基部质地坚厚处称为基盘；花被退化成透明鳞片，称为浆片；雄蕊常为3，稀为6或1、2、4，花丝细，花药"丁"字形着生；子房1室，1胚珠，花柱2，稀1或3，柱头羽毛状或刷帚状。果实多为颖果，稀为囊果，极少为浆果或坚果；种子胚小，胚乳丰富。本科约有700属，10 000种以上。我国有200余属，1 500种以上。

山羊草

【学名】*Aegilops tauschii*
【俗名】粗山羊草、节节麦
【分布及危害】在黄淮烟区分布较广，为烟田常见杂草种类。多生于荒芜草地或麦田中，危害较重。
【形态特征】

幼苗：淡紫红色，幼叶初出时卷为筒状，展开后为长条形，鞘口边缘有长纤毛。

成株：一年生或二年生草本。秆高20～40cm。叶鞘紧密包茎，平滑无毛而边缘具纤毛；叶舌薄膜质，长0.5～1mm；叶片宽约3mm，微粗糙，上面疏生柔毛。穗状花序圆柱形，含5～13个小穗；小穗圆柱形，长约9mm，含3～5小花；颖革质，长4～6mm，通常具7～9脉，或可达10脉以上，顶端截平或有微齿；外稃披针形，顶具长约1cm的芒，穗顶部者长达4cm，具5脉，脉仅于顶端显著，第一外稃长约7mm；内稃与外稃等长，脊上具纤毛。成株期茎秆较细弱，比一般小麦叶鞘抱茎紧，叶面密生茸毛。抽穗后比正常小麦高，穗为圆柱状，穗轴每节只生1个小穗，穗轴顶端有1～4cm的长芒。

群　体　　　　　　　　叶　鞘　　　　　花　序　　　果　序

【繁殖特性】花、果期5—6月。种子繁殖。

看麦娘

【学名】*Alopecurus aequalis*

【俗名】水草

【分布及危害】分布于我国大部分地区。生于海拔较低的田间及潮湿处。为烟草生长早期的主要杂草之一。

【形态特征】一年生草本。秆少数，丛生，高15～40cm。叶鞘无毛，短于节间，内部常有分枝，故常疏松抱茎；叶舌膜质，长2～5mm；叶片质薄，长3～12cm，宽2～6mm。圆锥花序圆柱状，长2～7cm，宽3～6mm；小穗椭圆形或卵状长圆形，长2～3mm；颖薄，基部连合，有3脉，脊上生细纤毛；外稃先端钝，与颖等长或稍长，下部边缘互相连合，稃体下部1/4处伸出1.5～2.5mm的芒，芒隐藏或稍外露；花药橙黄色，长0.5～0.8mm。颖果长约1mm。

群 体　　　　　　　　　　　　　　花 序

【繁殖特性】花、果期3—8月。

日本看麦娘

【学名】*Alopecurus japonicus*

【分布及危害】分布于长江中下游地区以及广东、广西、贵州、云南、陕西南部和河南等地，在江苏南部、安徽中部与南部危害甚烈。生于海拔较低的田边及湿地。

【形态特征】一年生草本。秆少数丛生，直立或基部膝曲，具3～4节，高20～50cm。叶鞘松弛；叶舌膜质，长2～5mm；叶片表面粗糙，背面光滑，长3～12mm，宽3～7mm。圆锥花序圆柱状，长3～10cm，宽4～10mm；小穗长圆状卵形，长5～6mm；颖仅基部互相连合，具3脉，脊上具纤毛；外稃略长于颖，厚膜质，下部边缘互相连合，芒长8～12mm，近稃体基部伸出，上部粗糙，中部稍膝曲；花药色淡或白色，长约1mm。颖果半椭圆形，长2～2.5mm。

成　株　　　　　　　　　花　序

【繁殖特性】花、果期2—5月。

荩　草

【学名】*Arthraxon hispidus*

【分布及危害】遍布全国各地。生于山坡草地阴湿处。

【形态特征】

幼苗：子叶留土。胚芽外裹紫红色胚芽鞘首先伸出地面。第一片真叶初呈深蓝色，穿出胚芽鞘后转变为绿色；叶片卵圆形，长约5mm，宽约3mm，先端钝尖，全缘，具睫毛，直出平行脉；叶鞘外表有长柔毛，叶舌膜质，呈环状。第二片真叶卵状披针形，叶舌顶端呈齿裂，其他与第一片真叶相似。

　　成株：秆细弱无毛，基部倾斜，高30～45cm，具多节，常分枝。叶鞘短于节间，被短硬疣毛，叶片卵状披针形，两面无毛，长2～4cm，宽8～15mm，下部边缘有纤毛。总状花序细弱，长1.5～3cm，2～10个指状排列或簇生于秆顶，穗轴节间无毛；有柄小穗退化成很短的柄；无柄小穗卵状披针形，长4～4.5mm，灰绿色或带紫色；第一颖边缘带膜质，有软毛，毛基部不显著膨大，呈疣状，有7～9脉，脉上粗糙，先端钝；第二颖近膜质，与第一颖等长，有3脉，侧脉不明显，先端尖，第一外稃透明膜质，长圆形；第二外稃与第一外稃近等长，近基部伸出一膝曲的芒；芒长6～9mm，伸出小穗之外；雄蕊2，花药长0.7～1mm。颖果长圆形与稃体几乎等长。

群 体

茎 叶

花 序

【繁殖特性】花、果期8—11月。种子繁殖。

矛叶荩草

【学名】*Arthraxon prionodes*

【俗名】竹叶草

【分布及危害】分布于华东、华北、华中、西南和陕西等地区。

【形态特征】多年生草本。具根状茎，秆细而较强硬，高30～100cm，多分枝，直立或于基部倾斜，下部节上可生出不定根，叶片披针形至卵状披针形，长2～9cm，宽3～15mm，先端渐尖，基部心形抱茎，边缘常具疣基纤毛。总状花序2个至数个，呈指状排列；小穗成对生于各节，无柄小穗长圆状披针形，长6～7mm，第一颖背部拱起，边缘上生疣状钩毛，芒从第二外稃近基部伸出，膝曲；有柄小穗较短小，雄性，无芒。

茎　叶

花　序

【繁殖特性】花、果期7—10月。根状茎繁殖。

毛秆野古草

【学名】*Arundinella hirta*

【分布及危害】生于山坡、溪边。除青海、新疆、西藏外，几乎分布于全国各地。

【形态特征】多年生草本。根状茎横走，粗壮，长可达10cm。秆直立，较坚硬，高60～110cm，直径2～4mm。叶鞘无毛或密生糙毛；叶舌甚短，上缘圆凸，具纤毛；叶片扁平，长12～35cm，宽5～15mm。圆锥花序稍紧缩或开展，长10～70cm，分枝直立或斜升；小穗孪生，长3.5～5mm；颖灰绿色或带紫色，有3～5明显的脉；第一颖长为小穗的1/2～2/3，第二颖与小穗等长或稍短；第一外稃无芒，3～5脉，基盘无毛，内稃较短，第二外稃长2.5～3.5mm，5脉，无芒或有小尖头，基盘两侧及腹面有长为稃体1/3～1/2的毛；雄蕊3。

群 体

叶 鞘

花 序

【繁殖特性】花、果期7—10月。

野 燕 麦

【学名】*Avena fatua*

【俗名】铃铛麦

【分布及危害】广布于我国各地。生于荒芜田野或为田间杂草。

【形态特征】一年生草本。不定根较坚韧。秆直立，光滑无毛，高60 ～ 120cm，具2 ～ 4节。叶鞘松弛，光滑或基部者被微毛；叶舌透明膜质，长1 ～ 5mm；叶片扁平，长10 ～ 30cm，宽4 ～ 12mm，微粗糙，或上面和边缘疏生柔毛。圆锥花序开展，金字塔形，

群 体

叶 鞘

花 序

果 枝

长10～25cm，分枝具棱角，粗糙；小穗长18～25mm，含2～3小花，其柄弯曲卜垂，顶端膨胀；小穗轴密生淡棕色或白色硬毛，其节脆硬易断落，第一节间长约3mm；颖草质，几乎相等，通常具9脉；外稃质地坚硬，第一外稃长15～20mm，背面中部以下具淡棕色或白色硬毛，芒自稃体中部稍下处伸出，长2～4cm，膝曲，芒柱棕色，扭转。颖果被淡棕色柔毛，腹面具纵沟，长6～8mm。

【繁殖特性】花、果期4—9月。

茵　草

【学名】*Beckmannia syzigachne*

【分布及危害】生于水边、湿地，耐盐碱。分布于我国各地。

【形态特征】一年生直立草本。秆高15～90cm，2～4节。叶鞘无毛，多长于节间；叶舌透明膜质，长3～8mm；叶片长5～20cm，宽3～10mm，扁平，粗糙或下面平滑。圆锥花序长10～30cm，分枝稀疏，贴生或斜升；小穗灰绿色，长约3mm，两侧压扁，

群　体

叶　鞘

花　序

果　实

含1小花，脱节于颖之下；颖草质，背部灰绿色，有淡绿色横纹；外稃披针形，有5脉，先端常有小尖头伸出颖外；花药黄色，长约1mm。颖果黄褐色，长圆形，长约1.5mm，先端具丛生的短毛。

【繁殖特性】花、果期4—10月。

雀 麦

【学名】*Bromus japonicus*

【俗名】山大麦、瞌睡草

【分布及危害】生于路边、山坡、河滩、溪边、荒草丛。我国分布于长江及黄河流域。

【形态特征】一年生草本。秆直立，丛生，高30～100cm。叶鞘紧密贴生秆上，有白色柔毛；叶舌透明膜质，先端不规则齿裂，长1.5～2mm；叶片长5～30cm；宽2～8mm，两面有毛或背面无毛。圆锥花序开展，下垂，长可达30cm，每节有3～7细分枝；小穗幼时圆柱形，成熟后压扁，长17～34mm(含芒)，含7～14小花；颖披针形，有膜质边缘，第一颖3～5脉，长5～6mm，第二颖2～9脉，长7～9mm；稃卵圆形，

成　株

叶　鞘

群　体

果　穗

边缘膜质，7～9脉，先端2裂，其下2mm处生有长5～10mm的芒；内稃较狭，短于外稃，背有疏刺毛。颖果压扁，长约7mm。

【繁殖特性】花、果期5—7月。

硬秆子草

【学名】*Capillipedium assimile*

【学名】竹枝细柄草

【分布及危害】生于海拔300～1 400m的疏林、灌木丛类草地、山坡、田野或路旁。分布于云南，多见于文山、富宁、麻栗坡、永仁、大理、红河、墨江、德宏、临沧等地。

【形态特征】叶片线状披针形，长6～15cm，宽3～6mm，顶端刺状渐尖，基部渐窄，无毛或被糙毛。圆锥花序长5～12cm，宽约4cm，分枝簇生，疏散而开展，枝腋内有柔毛，小枝顶端有2～5节总状花序，总状花序轴节间易断落，长1.5～2.5mm，边缘变厚，被纤毛。无柄小穗长圆形，长2～3.5mm，背腹压扁，具芒，淡绿色至淡紫色，有被毛的基盘；第一颖顶端窄而截平，背部粗糙乃至疏被小糙毛，具2脊，脊上被硬纤毛，脊间有不明显的2～4脉；第二颖与第一颖等长，顶端钝或尖，具3脉；第一外稃长圆形，顶端钝，长为颖的2/3；芒膝曲扭转，长6～12mm。具柄小穗线状披针形，常较无柄小穗长。

单　株　　　　　　　　　　　　　　群　体

【繁殖特性】花、果期8—12月。

细柄草

【学名】*Capillipedium parviflorum*

【分布及危害】生于山坡、草地、田埂及路旁。我国分布于华东、华中、西南地区。在烟田危害较普遍。

【形态特征】多年生草本。秆高50～100cm，纤细直立或基部倾斜，不分枝或有直立分枝，节有短髯毛。叶鞘无毛或有疣毛，鞘口常有柔毛；叶舌长0.5～1mm；叶片长15～30cm，宽3～8mm。圆锥花序长圆形，长7～10cm，近基部宽2～5cm，分枝纤细，簇生，有时有一至二回小枝，小枝为1～3节的总状花序；小穗成对着生，或3枚顶生于分枝顶端；无柄小穗长3～4mm，基部有髯毛；第一颖背腹扁，4脉；第二颖舟形，与第一颖等长，3脉；第一外稃长为颖的1/4～1/3；第二外稃条形，先端延伸成膝曲的芒，芒长12～15mm；有柄小穗不孕，与无柄小穗等长或稍短，无芒；二颖均背腹扁，第一颖具7脉，背部稍粗糙；第二颖具3脉，较光滑。

叶　鞘

群　体

花　序

【繁殖特性】花、果期8—12月。

虎 尾 草

【学名】*Chloris virgata*

【分布及危害】分布于全国各地。常见于农田、荒地、路旁等处，常群生，主要危害旱作物如玉米、棉花、谷子、高粱、花生、豆类、果树、蔬菜等，是高粱蚜的寄主。

【形态特征】

幼苗：第一叶长6～8mm，叶背有疏柔毛，叶片下面多毛，叶鞘边缘膜质，外被柔毛，叶舌极短。植株幼时铺散。

成株：茎秆丛生，直立或基部膝曲，株高20～60cm，无毛，淡紫红色。叶片条状披针形，长5～25cm，宽3～6mm；叶鞘背部具脊，叶舌具微纤毛，长约1mm。穗状花序4～10枚簇生于秆顶，呈指状排列，常直立而并拢成毛刷状，小穗排列于穗轴的一侧，长3～4mm，含2～3朵小花，第二小花不孕并较小；颖膜质，具1脉，第二颖等长或略短于小穗，第二颖有短芒；第一外稃具3脉，两侧边缘上部1/3处密生长2～3mm的柔毛；芒自背部顶端稍下部伸出，长4～8mm。颖果狭椭圆形或纺锤形，长约2mm，具光泽，透明，浅棕色。

群　体　　　　　　　　　　　　　花　序

【繁殖特性】华北地区4—5月出苗，花期6—7月，果期7—9月。种子繁殖。

竹　节　草

【学名】*Chrysopogon aciculatus*

【俗名】粘人草

【分布及危害】分布于广东、广西、云南、台湾。生于向阳贫瘠的山坡草地或荒野中，海拔500～1 000m。

【形态特征】多年生草本。具根状茎和匍匐茎。秆的基部常膝曲，直立部分高20～50cm。叶鞘无毛或仅鞘口疏生柔毛，多聚集生于匍匐茎和秆的基部，秆生者稀疏且短于节间；叶舌短小，长约0.5mm；叶片披针形，长3～5cm，宽4～6mm，基部圆形，先端钝，两面无毛或基部疏生柔毛，边缘具小刺毛而粗糙，秆生叶短小。圆锥花序直立，长圆形，紫褐色，长5～9cm；分枝细弱，直立或斜升，长1.5～3cm，通常数枝呈轮生状着生于主轴的各节上；无柄小穗圆筒状披针形，中部以上渐狭，先端钝，长约4mm，具一尖锐而下延、长4～6mm的基盘，初时与穗轴顶端愈合，基盘顶端被锈色柔毛；颖革质，约与小穗等长；第一颖披针形，具7脉，上部具2脊，其上具小刺毛，下部背面圆形，无毛；第二颖舟形，背面及脊的上部具小刺毛，先端渐尖至具一劲直的小刺芒，边缘膜质，具纤毛；第一外稃稍短于颖；第二外稃与第一外稃等长而较窄于第一外稃，先端全缘，具长4～7mm的直芒；鳞被膜质，顶端截形；花药长约0.8mm。有柄小穗长约6mm，具长2～3mm无毛之柄；颖纸质，具3脉；花药长约2.5mm。

群 体

花 序

【繁殖特性】花、果期6—10月。

狗牙根

【学名】*Cynodon dactylon*

【分布及危害】广泛分布于温带地区，我国的华北、西北、西南及长江中下游等地分布广泛。为果、桑、茶、橡胶等作物田间的主要杂草之一。

【形态特征】

幼苗：子叶留土。第一片真叶带状，先端急尖，边缘具极细的刺状齿，叶片有5条直出平行脉。叶舌膜质环状，顶端细齿裂，鞘紫红色；第二片真叶线状披针形，有9条直出平行脉。

成株：具短根状茎。茎匍匐于地面，于节上常生不定根，直立部分高10～30cm，直径1～1.5mm。叶鞘微具脊，无毛或有疏柔毛，鞘口常具柔毛。叶舌短，具小纤毛；叶片线形，扁平，互生，长1～12cm，宽1～3mm，先端渐尖，边缘有锯齿，浓绿色。穗状花序，3～6枚呈指状簇生于顶端；小穗灰绿色或带紫色，长2～2.5mm，通常仅含1朵小花；颖在中脉处形成背脊，有膜质边缘，长1.5～2mm，第二颖稍长，均具1脉，背部成脊而边缘膜质；外稃革质，与小穗等长，具3脉，脊上有毛；内稃与外稃近等长，具2脉；花药黄色或紫色；颖果长圆柱形，淡棕色或褐色，顶端具宿存花柱，无茸毛。脐圆形，紫黑色。胚矩圆形，凸起。

群　体　　　　　　　　　　　　　茎　叶

花　枝　　　　　　　　　　　　　花　序

【繁殖特性】花、果期5—10月。繁殖能力很强。在我国南方一般3—4月萌发，6—8月生长旺盛，11月后渐枯，青草期8个月以上，生育期250～280d。在一般情况下，狗牙根具有强大的营养繁殖能力和竞争能力，靠匍匐茎和根状茎扩展蔓延，在适宜的土壤条件下能迅速蔓延，生长速度平均0.91cm/d，高的达1.4cm/d，从而形成以狗牙根占绝对优势的植物群落。

纤毛马唐

【学名】*Digitaria ciliaris*

【俗名】升马唐

【分布及危害】生于路旁、荒野、荒坡，是一种优良牧草，也是果园旱田中危害庄稼的主要杂草。分布于我国各地。

【形态特征】一年生草本。秆基部横卧于地面，节处生根和分枝，高30～90cm。叶鞘常短于其节间，多少具柔毛；叶舌长约2mm；叶片线形或披针形，长5～20cm，宽3～10mm，上面散生柔毛，边缘稍厚，微粗糙。总状花序5～8枚，长5～12cm，呈指状排列于茎顶；穗轴宽约1mm，边缘粗糙；小穗披针形，长3～3.5mm，孪生于穗轴的一侧；小穗柄微粗糙，顶端截平；第一颖小，三角形；第二颖披针形，长约为小穗的2/3，具3脉，脉间及边缘生柔毛；第一外稃等长于小穗，具7脉，脉平滑，中脉两侧的脉间较宽而无毛，其他脉间贴生柔毛，边缘具长柔毛；第二外稃椭圆状披针形，革质，黄绿色或带铅色，顶端渐尖；等长于小穗；花药长0.5～1mm。

群　体

花　枝

【繁殖特性】花、果期5—10月。

红尾翎

【学名】*Digitaria radicosa*

【俗名】华马唐、小马唐

【分布及危害】分布于台湾、福建、海南和云南。生于丘陵、路边、湿润草地上。

【形态特征】一年生草本。秆匍匐于地面，下部节上生根，直立部分高30～50cm。

叶鞘短于节间，无毛至密生或散生柔毛或疣基柔毛；叶舌长约1mm；叶片较小，披针形，长2～6cm，宽3～7mm，下面及顶端微粗糙，无毛或贴生短毛，下部有少数疣基柔毛。总状花序2～4枚，长4～10cm，着生于长1～2cm的主轴上，穗轴具翼，无毛，边缘近平滑至微粗糙；小穗柄顶端截平，粗糙；小穗狭披针形，长2.8～3mm，为其宽的4～5倍；顶端尖或渐尖；第一颖三角形，长约0.2mm；第二颖长为小穗1/3～2/3，具1～3脉，长柄小穗的颖较大，脉间与边缘生柔毛；第一外稃等长于小穗，具5～7脉，中脉与其两侧的脉间距离较宽，正面见有3脉，侧脉及边缘生柔毛；第二外稃黄色，厚纸质，有纵细条纹；花药3，长0.5～1mm。

成　株

小　穗

【繁殖特性】花、果期夏、秋季。

毛马唐

【学名】*Digitaria ciliaris* var. *chrysoblephara*

【分布及危害】生境多样，几乎遍布全国。

【形态特征】一年生草本。秆基部倾卧，着土后节易生根，具分枝，高30～100cm。叶鞘多短于其节间，常具柔毛；叶舌膜质，长1～2mm；叶片线状披针形，长5～20cm，宽3～10mm，两面多少生柔毛，边缘微粗糙。总状花序4～10枚，长5～12cm，呈指状排列于秆顶；穗轴宽约1mm，中肋白色，约占其宽的1/3，两侧之绿色翼缘具细刺，粗糙；小

花　序

穗披针形，长3～3.5mm，孪生于穗轴一侧；小穗柄三棱形，粗糙；第一颖小，三角形；第二颖披针形，长约为小穗的2/3，具3脉，脉间及边缘生柔毛；第一外稃等长于小穗，具7脉，脉平滑，中脉两侧的脉间较宽而无毛，间脉与边脉间具柔毛及疣基刚毛，成熟后，两种毛均平展张开；第二外稃淡绿色，等长于小穗；花药长约1mm。

【繁殖特性】花、果期6—10月。

马　唐

【学名】*Digitaria sanguinalis*

【分布及危害】喜湿、喜光，潮湿多肥的地块生长茂盛，4月下旬至6月下旬发生量大，8—10月结籽，种子边成熟边脱落，生活力强。成熟种子有休眠习性。分布于西藏、四川、新疆、陕西、甘肃、山西、河北、河南及安徽等地。

【形态特征】一年生杂草。秆直立或下部倾斜，膝曲上升，高10～80cm，直径2～3mm，无毛或节生柔毛。叶鞘短于节间，无毛或散生疣基柔毛；叶舌长1～3mm；叶片线状披针形，长5～15cm，宽4～12mm，基部圆形，边缘较厚，微粗糙，具柔毛或无毛。总状花序长5～18cm，4～12枚呈指状着生于长1～2cm的主轴上；穗轴直伸或开展，两侧具宽翼，边缘粗糙；小穗椭圆状披针形，长3～3.5mm；第一颖小，短三角形，无脉；第二颖具3脉，披针形，长为小穗的1/2左右，脉间及边缘大多具柔毛；第一外稃等长于小穗，具7脉，中脉平滑，两侧的脉间距离较宽，无毛，边脉上具细刺，脉间及边缘生柔毛；第二外稃近革质，灰绿色，顶端渐尖，等长于第一外稃；花药长约1mm。

单　株

群　体

【繁殖特性】花、果期6—9月。

长芒稗

【学名】*Echinochloa caudata*

【分布及危害】分布于黑龙江、吉林、内蒙古、河北、山西、新疆、安徽、江苏、浙江、江西、湖南、四川、贵州及云南等地。多生于田边、路旁及河边湿润处。

【形态特征】

幼苗：第1叶线形，先端锐尖；第2至5叶亦为线形，先端尖，无毛；无叶舌，叶鞘无毛；茎有红色。

成株：秆高1～2m。叶鞘无毛或常有疣基毛（或毛脱落仅留疣基），或仅有粗糙毛或仅边缘有毛；叶舌缺；叶片线形，长10～40cm，宽1～2cm，两面无毛，边缘增厚而粗糙。圆锥花序稍下垂，长10～25cm，宽1.5～4cm；主轴粗糙，具棱，疏被疣基长毛；分枝密集，常再分小枝；小穗卵状椭圆形，常带紫色，长3～4mm，脉上具硬刺毛，有时疏生疣基毛；第一颖三角形，长为小穗的1/3～2/5，先端尖，具3脉；第二颖与小穗等长，顶端具长0.1～0.2mm的芒，具5脉；第一外稃草质，顶端具长1.5～5cm的芒，具5脉，脉上疏生刺毛，内稃膜质，先端具细毛，边缘具细睫毛；第二外稃革质，光亮，边缘包着同质的内稃；鳞被2，楔形，折叠，具5脉；雄蕊3；花柱基分离。

花　株　　　　　　　　　　　　　　　　果　穗

【繁殖特性】花、果期在夏、秋季。

光头稗

【学名】*Echinochloa colona*

【分布及危害】分布于河北、河南、安徽、江苏、浙江、江西、湖北、四川、贵州、福建、广东、广西、云南及西藏墨脱。多生于田野、园圃、路边湿润地上。

【形态特征】一年生草本。秆直立，高10～60cm。叶鞘压扁而背具脊，无毛；叶舌缺；叶片扁平，线形，长3～20cm，宽3～7mm，无毛，边缘稍粗糙。圆锥花序狭窄，长5～10cm；主轴具棱，通常无疣基长毛，棱边上粗糙；花序分枝长1～2cm，排列稀疏，直立上升或贴向主轴，穗轴无疣基长毛或仅基部被1～2根疣基长毛；小穗卵圆形，长2～2.5mm，具小硬毛，无芒，较规则的成4行排列于穗轴的一侧；第一颖三角形，长约为小穗的1/2，具3脉；第二颖与第一外稃等长而同形，顶端具小尖头，具5～7脉，间脉常不达基部；第一小花常中性，其外稃具7脉，内稃膜质，稍短于外稃，脊上被短纤毛；第二外稃椭圆形，平滑，光亮，边缘内卷，包着同质的内稃；鳞被2，膜质。

幼苗

花枝

【繁殖特性】花、果期在夏、秋季。

稗

【学名】*Echinochloa crusgalli*

【分布及危害】生于水边、沼泽及湿地，为各地常见杂草。分布于全国各地。

【形态特征】一年生草本。秆基部斜生或膝曲，常丛生，高50～150cm。叶鞘疏松无毛；叶舌缺；叶片长10～40cm，宽5～20mm。圆锥花序近尖塔形，长6～20cm，主轴有棱而粗糙，每分枝及小枝上都有硬刺疣毛；小穗长约3mm(芒除外)；第一颖长约为小穗的1/3～1/2，3～5脉，三角形，基部包卷小穗，有短硬毛或疣毛；

幼苗

叶 鞘

单 株　　　　　　　　　　　　花 枝

第二颖与小穗等长，先端成小尖头，5脉，脉上有硬刺疣毛；第一外稃草质，7脉，脉上有硬刺疣毛，先端有长5～30mm的粗糙芒；第一内稃与外稃等长，薄膜质，有粗糙2脊；两性花的外稃外凸内平，先端有粗糙小尖头；内稃先端外露。颖果长2.5～3mm，椭圆形，坚硬。

【繁殖特性】花、果期7—9月。

西来稗

【学名】*Echinochloa crusgalli* var. *zelayensis*

【分布及危害】分布于华北、华东、西北、华南及西南各地。多生于水边或稻田中。

【形态特征】一年生直立草本。秆高50～75cm。叶片长5～20mm，宽4～12mm。圆锥花序直立，长11～19cm，分枝上不再分枝；小穗卵状椭圆形，长3～4mm，顶端具小尖头而无芒，脉上无疣基毛，但疏生硬刺毛。

群 体　　　　　　　　　　　　　　单 株

幼 苗　　　　　　　　　　　　　　果 枝

　　【繁殖特性】3—4月出苗期，6—9月为花期，7—10月为果期，11—12月枯死。以种子繁殖。

无 芒 稗

　　【学名】*Echinochloa crusgalli* var. *mitis*

　　【分布及危害】分布于东北、华北、西北、华东、西南及华南等地。多生于水边或路边草地上。

【形态特征】秆高50 ～ 120cm，直立，粗壮。叶片长20 ～ 30cm，宽6 ～ 12mm。圆锥花序直立，长10 ～ 20cm，分枝斜上举而开展，常再分枝；小穗卵状椭圆形，长约3mm，无芒或具极短芒，芒长常不超过0.5mm，脉上被疣基硬毛。

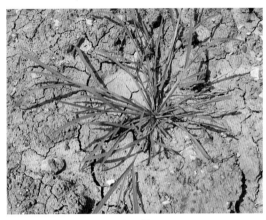

幼 苗

群 体

花 株

【繁殖特性】花、果期7—9月。

孔 雀 稗

【学名】*Echinochloa cruspavonis*

【分布及危害】分布于贵州、福建、广东、海南等地。多生于沼泽地或水沟边。

【形态特征】

幼苗：子叶留土。第一片真叶线状，长2.5cm，宽0.2cm，先端急尖，有11条直出平行脉；叶鞘长2cm，紫红色，基部被短毛；无叶舌、叶耳；后生真叶叶片与叶鞘之间虽仍无叶舌、叶耳，但二者之间有明显的相接处，其他与第一片真叶相似。

成株：秆粗壮，基部倾斜而节上生根，高120～180cm。叶鞘疏松裹秆，光滑，无毛；叶舌缺；叶片扁平，线形，长10～40cm，宽1～1.5cm，两面无毛，边缘增厚而粗糙。圆锥花序下垂，长15～25cm，分枝上再具小枝；小穗卵状披针形，长2～2.5mm，带紫色，脉上无疣基毛；第一颖三角形，长为小穗1/3～2/5，具3脉；第二颖与小穗等长，顶端有小尖头，具5脉，脉上具硬刺毛；第二小花通常中性，其外稃草质，顶端具长1～1.5cm的芒，具5～7脉，脉上具刺毛；第二外稃革质，平滑光亮，顶端具小尖头，边缘包卷同质的内稃，内稃顶端外露；鳞被2，折叠；花柱基分离。颖果椭圆形，长约2mm；胚长为颖果的2/3。

群 体

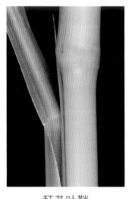

秆及叶鞘

花 枝

果 穗

【繁殖特性】花、果期7—9月。种子繁殖。

牛 筋 草

【学名】*Eleusine indica*

【俗名】蟋蟀草

【分布及危害】生于村边、旷野、田边、路边，广布于全国各地。

【形态特征】一年生草本。秆常斜生向四周开展，基部压扁，高10～90cm。叶鞘压扁，无毛或疏生疣毛，鞘口常有柔毛；叶舌长约1mm；叶片扁平或卷褶，长10～15cm，宽3～5mm，无毛或上面有疣基柔毛。穗状花序2～7枚，很少单生，呈指状簇生于茎顶端；每小穗长4～7mm，宽2～3mm，含3～6小花；颖披针形，脊上粗糙，第一颖长1.5～2mm，第二颖长2～3mm；第一外稃长3～4mm，有脊，脊上有翅；内稃短于外稃，具2脊，沿脊上有纤毛。囊果长约1.5mm；种子卵形，有明显波状皱纹。

| 幼 苗 | 单 株 |

| 成 株 | 花 序 |

【繁殖特性】花、果期6—10月。

秋画眉草

【学名】*Eragrostis autumnalis*

【分布及危害】分布于河北、山东、江苏、安徽、江西、福建等地。生于路旁草地。

【形态特征】一年生草本。秆单生或丛生，基部常膝曲或斜升，高15～45cm，直径1～2.5mm，具3～4节，在基部第二、第三节处常有分枝。叶鞘压扁，鞘口有或无柔毛；叶舌成一圈毛，长约0.5mm；叶片多内卷或反折，长6～12cm，宽2～3mm。圆锥花序较紧缩或开展，长6～15cm，宽3～5cm，分枝直立或上升，密生小穗，上部分枝单生，枝腋无毛，下部分枝常簇生，枝腋有长柔毛；小穗长3～5mm，宽约2mm，含3～10小花，灰绿色或草黄色，有时略带紫色；颖1脉，先端尖或稍钝，第一颖长约1.5mm，第二颖长约2mm；外稃卵状披针形，侧脉明显，第一外稃长约2mm，具3脉；内稃长约1.5mm，具2脊，脊上有纤毛，较外稃迟落或宿存；雄蕊3，花药长约0.5mm。颖果红褐色，椭圆形，长约1mm。

【繁殖特性】花、果期7—11月。

花　序

大画眉草

【学名】*Eragrostis cilianensis*

【分布及危害】生于荒芜草地上。分布于全国各地。

【形态特征】一年生草本，新鲜时有腥味。秆丛生，直立或由基部倾斜上升，高30～90cm，直径3～5mm，具3～5节，节下常有一圈腺点。叶鞘较节间短，沿纵脉有凹点状腺点，鞘口有柔毛；叶舌为一圈成束的短毛，长约0.5mm；叶片长6～20cm，宽2～6mm，扁平或内卷，无毛，叶脉和叶缘常有腺点。圆锥花序开展，长5～20cm，分枝较粗，每节1分枝，小枝及小穗柄上均有黄色腺点；小穗浅绿色或淡绿色至乳白色，长5～20mm，宽2～3mm，含10～40小花；2颖近相等，长约2mm，具1～3脉，沿脊有腺点；外稃长约2.5mm，宽约1mm，先端稍钝，脊上有腺点；内稃宿存，稍短于外稃，脊上有短纤毛；花药长约0.5mm。颖果近圆形，直径约0.7mm。

花　序

单 株　　　　　　　　　　　　　　　　叶 鞘

【繁殖特性】花、果期7—10月。

知 风 草

【学名】*Eragrostis ferruginea*

【分布及危害】分布于河北、河南、山东、安徽、江苏、浙江、江西、湖北、湖南、广东、四川、贵州等地。

【形态特征】多年生草本。秆丛生，直立或基部稍倾斜，极压扁；高30～110cm。叶鞘极压扁，鞘口有毛，脉上常有腺点；叶舌退化成短毛，长约0.3mm；叶片扁平或内卷，

群 体　　　　　　　　　　　　　　小 穗

长 20 ～ 40cm，宽 3 ～ 6mm，上部叶超出花序之上。圆锥花序大而开展，长 20 ～ 30cm，基部常包于顶生叶鞘内，分枝单生，或 2 ～ 3 聚生，枝腋间无毛；小穗柄长 5 ～ 15mm，中部或靠上部有 1 腺点，在小枝中部也常存在，腺体多为长圆形，稍凸起；小穗常紫色或淡紫色，长 5 ～ 10mm，宽 2 ～ 2.5mm，含 7 ～ 12 小花；颖开展，披针形，具 1 脉，第一颖长 1.4 ～ 2mm，第二颖长 2 ～ 3mm；外稃卵状披针形，先端稍钝，侧脉明显，第一外稃长约 3mm；内稃短于外稃，脊上有小纤毛，宿存；花药长约 1mm。颖果棕红色，长约 1.5mm。

【繁殖特性】花、果期 8—12 月。

画 眉 草

【学名】*Eragrostis pilosa*

【分布及危害】多生于荒芜田野草地上。产于全国各地。

【形态特征】一年生草本。秆直立或斜升，高 15 ～ 60cm，直径 1.5 ～ 2.5mm，通常具 4 节，圆柱形，光滑。叶鞘稍疏松，多少压扁，鞘口有长柔毛或光滑；叶舌成一圈纤毛，长约 0.5mm；叶片长 6 ～ 20cm，宽 2 ～ 3mm。圆锥花序较开展或紧缩，长 10 ～ 25cm，宽 2 ～ 10cm，基部分枝近于轮生，分枝腋部有柔毛；小穗在熟后暗绿色或带紫黑色，含 4 ～ 14 小花，长 2 ～ 7mm；颖先端钝或第二颖稍尖，第一颖常无脉，长约 1mm，第二颖长约 1.5mm，具 1 脉；外稃侧脉不明显，第一外稃长约 1.8mm；内稃呈弓形弯曲，长约 1.5mm，脊上有纤毛，迟落或宿存；雄蕊 3，花药长约 0.3mm。颖果长圆形，长约 0.8mm。

 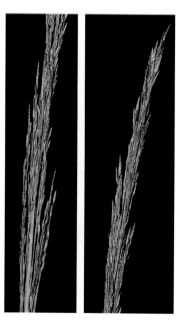

单　株　　　　　　　　　　花　序

叶 鞘

【繁殖特性】花、果期8—11月。

假 俭 草

【学名】*Eremochloa ophiuroides*

【分布及危害】主要分布于我国长江以南各地。生于潮湿草地及河岸、路旁。

【形态特征】多年生草本。具匍匐茎，秆斜上升，高达30cm。节间短，叶鞘压扁，密集于基部，鞘口具灰色的簇状短毛；叶舌短膜质，具纤毛，长约0.5mm，形成短脊；叶耳短，叶片扁平，长3～9cm，宽2～4cm，先端钝。总状花序单生于秆顶端，长4～6cm，宽2mm，直立，或稍呈镰刀状弯曲；穗轴于节间压扁，略呈棒状，长约2mm。小穗对生于各节；无柄小穗呈覆瓦状，排列于穗轴的一侧，长约4mm，含2小花；第一

群 体

花 序

花雄性，仅含3雄蕊；第二花两性，外稃顶端钝；花药长约2mm；柱头红棕色；有柄小穗退化或仅存压扁的小穗柄，披针形，长约3mm，与总状花序轴贴生。

【繁殖特性】花、果期在夏、秋季。

野 黍

【学名】*Eriochloa villosa*

【分布及危害】生于旷野、山坡及溪边潮湿地。分布于我国东北、华北、华东、华中、西南地区。

【形态特征】一年生草本。秆直立或基部蔓生，高30～100cm，节上有髯毛。叶鞘松弛抱茎，无毛或有微毛；叶舌有长约1mm的纤毛；叶片长5～25cm，宽5～15mm。总状花序数个，长1.5～4cm，密生柔毛，常排列于穗轴一侧；小穗单生，成2行排列于穗轴一侧，长4.5～6mm，卵状披针形，第一颖与小穗轴合生成环状基盘；第二颖与第一外稃相似，膜质，有细毛，与小穗等长；第二外稃革质，以腹面对向穗轴边缘包卷内稃。颖果卵状椭圆形。

群 体

花 序

【繁殖特性】花、果期7—10月。

牛鞭草

【学名】*Hemarthria sibirica*

【分布及危害】生于河滩地及草地。分布于我国东北及华北、华东、华中地区。

【形态特征】多年生草本。根状茎长而横走。秆高可达100cm，直径约3mm，一侧有槽。叶鞘无毛，鞘口具纤毛；叶舌成一圈白色短小纤毛；叶片长15～20cm，宽4～6mm。总状花序常单生于秆顶，少数为腋生，长6～10cm，粗壮而略弯；小穗成对生于各节，有柄的不孕，无柄的结实；无柄小穗与穗轴节间约等长，长6～8mm，基盘明显，嵌生于穗轴凹穴内；第一颖先端以下常略紧缩；第二颖多少和穗轴贴生；第一、第二外稃均为透明膜质，无芒，前者空虚，后者有微小内稃；有柄小穗长渐尖。

群体

花枝

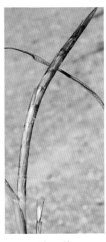
幼穗

【繁殖特性】花、果期6—8月。

大 麦

【学名】*Hordeum vulgare*

【分布及危害】我国各地均有栽培。

【形态特征】一年生草本。秆粗壮，光滑无毛，直立，高50～100cm。叶鞘松弛抱茎，多无毛或基部具柔毛；两侧有两披针形叶耳；叶舌膜质，长1～2mm；叶片长9～20cm，宽6～20mm，扁平。穗状花序长3～8cm（芒除外），直径约1.5cm，小穗稠密，每节着生3枚发育的小穗；小穗均无柄，长1～1.5cm（芒除外）；颖线状披针形，外被短柔毛，先端常延伸为长8～14mm的芒；外稃具5脉，先端延伸成芒，芒长

8 ～ 15cm，边棱具细刺；内稃与外稃几乎等长。颖果熟时粘着于稃内，不脱出。

群 体　　　　　　　　　　　　　　　　果 穗

【繁殖特性】种子繁殖。

白　茅

【学名】*Imperata cylindrica*

【分布及危害】适应性强，耐阴、耐瘠薄和干旱，喜湿润疏松土壤，在适宜的条件下，根状茎可长达2 ～ 3m，能穿透树根，断节再生能力强。分布于辽宁、河北、山西、山东、陕西、新疆等地区。生于低山带平原河岸草地、沙质草甸、荒漠与海滨。

【形态特征】多年生草本。具粗壮的长根状茎。秆直立，高30 ～ 80cm，具1 ～ 3节，节无毛。叶鞘聚集于秆基，甚长于其节间，质地较厚，老后破碎呈纤维状；叶舌膜质，长约2mm，紧贴其背部或鞘口具柔毛，分蘖叶片长约20cm，宽约8mm，扁平，质地较薄；秆生叶片长1 ～ 3cm，窄线形，通常内卷，顶端渐尖呈刺状，下部渐窄，或具柄，质硬，被有白粉，基部上面具柔毛。圆锥花序稠密，长20cm，宽达3cm；小穗长4.5 ～ 6mm，基盘具长12 ～ 16mm的丝状柔毛；两颖草质及边缘膜质，近相等，具5 ～ 9脉，顶端渐尖或稍钝，常具纤毛，脉间疏生长丝状毛；第一外稃卵状披针形，长为颖片的2/3，透明膜质，无脉，顶端尖或齿裂，第二外稃与其内稃近相等，长约为颖片的1/2，卵圆形，顶端具齿裂及纤毛；雄蕊2，花药长3 ～ 4mm；花柱细长，基部多少连合，柱头2，紫黑色，羽状，长约4mm，自小穗顶端伸出。颖果椭圆形，长约1mm；胚长为颖果的1/2。

群 体　　　　　　　　　　　　稠密圆锥花序

【繁殖特性】花、果期4—6月。

李氏禾

【学名】*Leersia hexandra*

【俗名】秕壳草

【分布及危害】分布于广西、广东、海南、台湾、福建、黑龙江。生于河岸、田边湿地。

【形态特征】多年生草本。具发达匍匐茎和细瘦根状茎。秆倾卧地面并于节处生根，直立部分高40～50cm，节部膨大且密被倒生微毛。叶鞘短于节间，多平滑；叶舌长1～2mm，基部两侧下延与叶鞘边缘相愈合成鞘边；叶片披针形，长5～12cm，宽

花　序

茎秆节部

3 ～ 6mm，粗糙，质硬有时卷折。圆锥花序开展，长5 ～ 10cm；分枝较细，直升，不具小枝，长4 ～ 5cm，具棱角；小穗长3.5 ～ 4mm，宽约1.5mm，具长约0.5mm的短柄；颖不存在；外稃5脉，脊与边缘具刺状纤毛，两侧具微刺毛；内稃与外稃等长，较窄，具3脉；脊生刺状纤毛；雄蕊6，花药长2 ～ 2.5mm。颖果长约2.5mm。

【繁殖特性】花、果期6—8月，热带地区秋、冬季也开花。以根状茎和种子繁殖。

假 稻

【学名】*Leersia japonica*

【分布及危害】分布于江苏、湖南、四川、贵州、河南等地。生于池塘、水田、溪沟湖旁水湿地。

【形态特征】多年生草本。秆下部常匍匐，节上生不定根；秆高80cm，节上有倒毛密生。叶鞘常短于节间；叶舌长1 ～ 3mm；叶片长5 ～ 15cm，宽4 ～ 8mm。圆锥花序长9 ～ 12cm，分枝有棱角，通常不再分枝，近基部有小穗着生；小穗长4 ～ 6mm；外稃5脉，主脉成脊，脊上有刺毛；内稃3脉，主脉有刺毛；雄蕊6，花药长2.5 ～ 3mm。

花　枝　　　　　　　　　　　　茎秆节部

【繁殖特性】花、果期5—10月。

千 金 子

【学名】*Leptochloa chinensis*

【分布及危害】分布于吉林、辽宁、内蒙古、河北、陕西、甘肃、新疆、山东、江苏、安徽、浙江、江西、福建、河南、湖北、湖南、广西、四川、贵州、云南、西藏等地，栽培或逸为野生。

【形态特征】一年生草本。秆丛生，直立，基部常膝曲，高30～90cm。叶鞘多短于节间，光滑无毛；叶舌膜质，长1～2mm，常撕裂呈小纤毛状；叶片长5～15cm，宽2～6mm，无毛。圆锥花序长10～30cm；小穗常带紫色，含3～7小花，长2～4mm；颖具1脉，第一颖长1～1.5mm，第二颖长1.2～1.8mm；外稃先端钝，3脉，无毛或下部有微毛。颖果长圆形，长约1mm。

花　枝

群　体

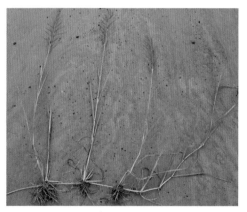

单　株

【繁殖特性】花、果期8—11月。

虮子草

【学名】*Leptochloa panicea*

【分布及危害】分布于陕西、河南、江苏、安徽、浙江、台湾、福建、江西、湖北、湖南、四川、云南、广西、广东等地。多生于田野路边和园圃内。

【形态特征】一年生草本。秆较细弱，高30～60cm。叶鞘疏生有疣基的柔毛；叶舌膜质，多撕裂，或顶端作不规则齿裂，长约2mm；叶片质薄，扁平，长6～18cm，宽3～6mm，无毛或疏生疣毛。圆锥花序长10～30cm，分枝细弱，微粗糙；小穗灰绿色或带紫色，长1～2mm，含2～4小花；颖膜质，具1脉，脊上粗糙，第一颖较狭窄，顶端渐尖，长约1mm，第二颖较宽，长约1.4mm；外稃具3脉，脉上被细短毛，第一外稃长约

1mm，顶端钝；内稃稍短于外稃，脊上具纤毛；花药长约0.2mm。颖果圆球形，长约0.5mm。

群　体　　　　　　　　　　　　　单　株

【繁殖特性】花、果期7—10月。

多花黑麦草

【学名】*Lolium multiflorum*

【分布及危害】适生于长江流域以南地区，在江西、湖南、江苏、浙江等地均有人工栽培种。东北、内蒙古等地亦引种春播。

【形态特征】一年生、二年生或短期多年生草本。秆直立或基部偃卧节上生根，高

群　体　　　　　　　　　　　　　花　枝

50 ～ 130cm，具4 ～ 5节，较细弱至粗壮。叶鞘疏松；叶舌长达4mm，有时具叶耳；叶片扁平，长10 ～ 20cm，宽3 ～ 8mm，无毛，上面微粗糙。穗形总状花序直立或弯曲，长15 ～ 30cm，宽5 ～ 8mm；穗轴柔软，节间长10 ～ 15mm，无毛，上面微粗糙；小穗含10 ～ 15小花，长10 ～ 18mm，宽3 ～ 5mm；小穗轴节间长约1mm，平滑无毛；颖披针形，质地较硬，具5 ～ 7脉，长5 ～ 8mm，具狭膜质边缘，顶端钝，通常与第一小花等长；外稃长圆状披针形，长约6mm，具5脉，基盘小，顶端膜质透明，具长5 ～ 15mm的细芒，或上部小花无芒；内稃约与外稃等长，脊上具纤毛。颖果长圆形，长为宽的3倍。

【繁殖特性】花、果期7—8月。

黑 麦 草

【学名】*Lolium perenne*

【分布及危害】原产于欧洲。引种栽培。

【形态特征】多年生草本。具细弱根状茎。秆丛生，高30 ～ 90cm，具3 ～ 4节，质软，基部节上生根。叶舌长约2mm；叶片线形，长5 ～ 20cm，宽3 ～ 6mm，柔软，具微毛，有时具叶耳。穗状花序直立或稍弯，长10 ～ 20cm，宽5 ～ 8mm；小穗轴节间长约1mm，平滑无毛；颖披针形，为其小穗长的1/3，具5脉，边缘狭膜质；外稃长圆形，草质，长5 ～ 9mm，具5脉，平滑，基盘明显，顶端无芒，或上部小穗具短芒，第一外稃长约7mm；内稃与外稃等长，两脊生短纤毛。颖果长约为宽的3倍。

群 体　　　　　　　　　　花 序

【繁殖特性】花期5月，果期6—7月。

柔枝莠竹

【学名】*Microstegium vimineum*

【分布及危害】分布于河北、河南、山西、江西、湖南、福建、广东、广西、贵州、四川及云南。生于林缘与阴湿草地。

【形态特征】一年生草本。秆下部匍匐于地面，节上生根，高达1m，多分枝，无毛。叶鞘短于其节间，鞘口具柔毛；叶舌截形，长约0.5mm，背面生毛；叶片长4～8cm，宽5～8mm，边缘粗糙，顶端渐尖，基部狭窄，中脉白色。总状花序2～6枚，长约5cm，近指状排列于长5～6mm的主轴上，总状花序轴节间稍短于其小穗，较粗而压扁，生微毛，边缘疏生纤毛；无柄小穗长4～4.5mm，基盘具短毛或无毛；第一颖披针形，纸质，背部有凹沟，贴生微毛，先端具网状横脉，沿脊有锯齿，粗糙，内折边缘具丝状毛，顶端尖或有时具2齿；第二颖中脉粗糙，顶端渐尖，无芒；雄蕊3，花药长约1mm或较长；有柄小穗相似于无柄小穗或稍短，小穗柄短于穗轴节间。颖果长圆形，长约2.5mm。

群体

花枝

【繁殖特性】花、果期8—11月。

荻

【学名】*Miscanthus sacchariflorus*

【分布及危害】分布于东北、华北、西北、华东。生于山坡草地和平原岗地、河岸湿地。

【形态特征】多年生高大草本。有粗壮根状茎。秆直立，高100～150cm，在适宜的环境下茎秆高达4m，直径约5mm，具10多节，节生柔毛。叶片随秆的高度而变化，长20～50cm，宽5～18mm，中脉特别明显；叶舌圆钝，长0.5～1mm，先端有一圈纤毛。圆锥花序扇形，长10～20cm，除分枝腋间有短毛外，主轴及分枝均无毛；小穗无芒，成对生于穗轴各节上，1柄长，1柄短，基盘有长于小穗约2倍的白色长丝状毛；第一颖的2脊缘有白色长丝状毛；第二颖稍短于第一颖，上部有1脊，脊缘亦有长丝状毛，边缘膜质，有纤毛；第一外稃披针形，较颖稍短；第二外稃披针形，较颖短1/4，先端尖，稀有1短芒；内稃卵形，长约为外稃的1/2，先端不规则齿裂。

【繁殖特性】花、果期8—10月。

群　体

竹 叶 草

【学名】*Oplismenus compositus*

【分布及危害】生于海拔130～3 700m的疏林下阴湿处。分布于我国华南、西南。

【形态特征】秆较纤细，基部平卧于地面，节着地生根，上升部分高20～80cm。叶鞘短于或上部者长于节间，近无毛或疏生毛；叶片披针形至卵状披针形，基部多少包茎而不对称，长3～8cm，宽5～20mm，近无毛或边缘疏生纤毛，具横脉。圆锥花序长5～15cm，主轴无毛或疏生毛；分枝互生而疏离，长2～6cm；小穗孪生（有时其中1个小穗退化）稀上部者单生，长约3mm；颖草质，近等长，长为小穗的1/2～2/3，边缘常被纤毛，第一颖先端芒长0.7～2cm，第二颖顶端的芒长1～2mm；第一小花中性，外稃革质，与小穗等长，先端具芒尖，具7～9脉，内稃膜质，狭小或缺；第二外稃革质，平滑，光亮，长约2.5mm，边缘内卷，包着同质的内稃；鳞片2，薄膜质，折叠；花柱基部分离。

群 体　　　　　　　　　　　　　　花 序

【繁殖特性】花、果期9—11月。

求 米 草

【学名】*Oplismenus undulatifolius*

【分布及危害】生于海拔740～2 000m的山坡疏林下阴湿处。分布于全国各地。

【形态特征】秆细弱，基部斜倾，节上生根，高20～50cm。叶鞘生有疣基的短刺毛或仅边缘有纤毛；叶舌短小，膜质，长约1mm；叶片扁平，披针形至卵状披针形，有横脉，通常皱而不平，长2～8cm，宽5～18mm，先端尖，基部略圆而不对称，略呈斜心形，两面通常有细毛。圆锥花序狭长，花序主轴长2～8cm，无毛或密生柔毛；小穗卵圆形，长3～4mm；第一颖3～5脉，长约为小穗的1/2，先端有直芒，长0.5～1.5mm；第二颖5脉，较第一颖为长，先端有长2～5mm的直芒；第一小花的外稃革质，具7～9脉，与小穗等长，先端无芒或有短尖，边缘卷包内稃；内稃有或退化；浆片2，膜质；雄蕊3；花柱基分离。

群　体　　　　　　　　　　　　　　花　序

【繁殖特性】花、果期7—11月。

糠　稷

【学名】*Panicum bisulcatum*

【分布及危害】分布于我国东南部、南部、西南部和东北部。生于荒野潮湿处。

【形态特征】一年生草本。秆直立或基部斜卧并在节上生根，高50～100cm。叶鞘疏松，无毛或边缘有纤毛；叶舌长约0.5mm，生有小纤毛；叶片长5～20cm，宽

群　体　　　　　　　　　　　　　　小　穗

3 ～ 15mm。圆锥花序长达30cm，分枝细，斜向或水平开展；小穗长2 ～ 2.5mm，绿色或有时略带紫色，含2小花；第一颖近三角形，先端尖或稍钝，长为小穗的1/3 ～ 1/2，具1 ～ 3脉，基部几乎不包小穗；第二颖与第一外稃等长，均有5脉，有细毛；第一内稃不存在；第二小花长约1.8mm，第二外稃薄革质，边缘包着内稃，成熟时常呈黑褐色。

【繁殖特性】花、果期9—11月。

短 叶 黍

【学名】*Panicum brevifolium*

【分布及危害】分布于福建、广东、广西、贵州、江西、云南等地，多生于阴湿地和林缘。

【形态特征】一年生草本。秆基部常伏卧地面，节上生根，花枝高10 ～ 50cm。叶鞘短于节间，松弛，被柔毛或边缘被纤毛；叶舌膜质，长约0.2mm，顶端被纤毛；叶片卵形或卵状披针形，长2 ～ 6cm，宽1 ～ 2cm，顶端尖，基部心形，包秆，两面疏被粗毛，边缘粗糙或基部具疣基纤毛。圆锥花序卵形，开展，长5 ～ 15cm，主轴直立，常被柔毛，通常在分枝和小穗柄的着生处下具黄色腺点；小穗椭圆形，长1.5 ～ 2mm，具蜿蜒的长柄；颖背部被疏刺毛；第一颖近膜质，长圆状披针形，稍短于小穗，具3脉；第二颖薄纸质，较宽，与小穗等长，背部凸起，顶端喙尖，具5脉；第一外稃长圆形，与第二颖近等长，顶端喙尖，具5脉，有近等长且薄膜质的内稃；第二小花卵圆形，长约1.2mm，顶端尖，具不明显的乳突；鳞被长约0.28mm，宽约0.22mm，薄而透明，局部折叠，具3脉。

成　株　　　　　　秆及叶鞘　　　　　　花　枝

【繁殖特性】花、果期5—12月。

细 柄 黍

【学名】*Panicum sumatrense*

【分布及危害】分布于我国东南部、西南部和西藏等地。生于丘陵灌丛中或荒野路旁。

【形态特征】一年生单生或簇生草本。秆直立，高20～60cm，常有分枝。叶鞘疏松，压扁，无毛；叶舌膜质，长约1mm，先端平截，生有纤毛；叶片质软，长8～15cm，宽4～6mm。圆锥花序开展，长10～20cm；小穗卵状披针形，疏生于花序分枝上，长2.5～3mm，含2小花；第二小花为两性；第一颖3～5脉，长约为小穗的1/3，包着小穗基部；第二颖与第一外稃均与小穗等长，第二颖先端尖，有10～13脉；第一外稃与第二颖同形，无毛，有9条以上的脉；第二外稃革质，边缘包内稃。颖果长约2.2mm，先端尖，多光滑。

成 株　　　　　　　　　　　花 枝

【繁殖特性】花、果期7—10月。

铺 地 黍

【学名】*Panicum repens*

【分布及危害】分布于我国华南、华东地区。

【形态特征】根系发达，具广伸粗壮的根状茎。秆直立，稍坚挺，高50～100cm。叶鞘光滑，边缘被纤毛；叶舌长约0.5mm，被纤毛，叶片质硬，坚挺，线形，长5～25cm，宽2.5～5mm，时常内卷，先端渐尖，腹面粗糙或被毛。圆锥花序开展，通常长10～20cm；分枝斜升，粗糙，具棱；小穗长圆形，长约3mm，无毛，先端尖；第一颖薄膜质，长约为小穗的1/4，基部包卷小穗基部，先端截平或钝圆，脉通常不明显；第二颖长约与小穗相等，先端喙尖，具7脉；第一小花为雄性，外稃与第二颖等长同形而较宽，内稃薄膜质，约与外稃等长；雄蕊3，花丝极短，花药暗褐色，长约1.6mm；第二小花结实，长圆形，长约2mm，平滑光亮，先端尖。颖果椭圆形，淡棕色，长约1.8mm，宽约0.8mm。

果 枝　　　　　　　　花 枝　　　　茎 叶

【繁殖特性】花、果期6—11月。

两 耳 草

【学名】*Paspalum conjugatum*

【分布及危害】分布于我国福建、广东、广西、贵州、海南、湖南（南部）、江西、四川、台湾、香港、云南、西藏（东南部）。生长于田野潮湿之地，在海拔2 000m以下的林缘湿地常成片生长。

【形态特征】多年生草本。植株具长达1m的匍匐茎，秆直立部分高30～60cm。叶鞘具脊，无毛或上部边缘及鞘口具柔毛；叶舌极短，与叶片交接处具长约1mm的一圈纤毛；叶片披针状线形，长5～20cm，宽5～10mm，质薄，无毛或边缘具疣基柔毛。总状花序2枚，纤细，长6～12cm，开展；穗轴宽约0.8mm，边缘有锯齿；小穗柄长约0.5mm；小穗卵形，长1.5～1.8mm，宽约1.2mm，顶端稍尖，覆瓦状排列成2行；第二颖与第一外稃质地较薄，无脉，第二颖边缘具长丝状柔毛，毛长与小穗近等；第二外稃变硬，背面略隆起，卵形，包卷同质的内稃。颖果长约1.2mm，胚长为颖果的1/3。

群　体　　　　　　　　　　　　　　　花　枝

【繁殖特性】花、果期5—9月。

圆果雀稗

【学名】*Paspalum scrobiculatum* var. *orbiculare*

【分布及危害】分布于江苏、浙江、台湾、福建、江西、湖北、四川、贵州、云南、广西、广东。广泛生于低海拔区的荒坡、草地、路旁及田间。

【形态特征】多年生草本。秆直立，丛生，高30～90cm。叶鞘长于其节间，无毛，鞘口有少数长柔毛，基部生有白色柔毛；叶舌长约1.5mm；叶片长披针形至线形，长10～20cm，宽5～10mm，大多无毛。总状花序长3～8cm，2～10枚相互间距排列于长1～3cm之主轴上，分枝腋间有长柔毛；穗轴宽1.5～2mm，边缘微粗糙；小穗椭圆形或倒卵形，长2～2.3mm，单生于穗轴一侧，覆瓦状排列成2行；小穗柄微粗糙，长约0.5mm；第二颖与第一外稃等长，具3脉，顶端稍尖；第二外稃等长于小穗，

群　体

成熟后褐色，革质，有光泽，具粗糙细点。

【繁殖特性】花、果期6—11月。

双穗雀稗

【学名】*Paspalum distichum*

【分布及危害】分布于江苏、台湾、湖北、湖南、云南、广西、海南等地。生于田边路旁，曾作为优良牧草引种，但在局部地区成为造成作物减产的恶性杂草。

【形态特征】多年生草本。匍匐茎横走，粗壮，长达1m，向上直立部分高20～40cm，节生柔毛。叶鞘短于节间，背部具脊，边缘或上部被柔毛；叶舌长2～3mm，无毛；叶片披针形，长5～15cm，宽3～7mm，无毛。总状花序2枚对连，长2～6cm；穗轴宽1.5～2mm；小穗倒卵状长圆形，长约3mm，顶端尖，疏生微柔毛；第一颖退化或微小；第二颖贴生柔毛，具明显的中脉；第一外稃具3～5脉，通常无毛，顶端尖；第二外稃草质，等长于小穗，黄绿色，顶端尖，被毛。

群　体

花　序

【繁殖特性】花、果期5—9月。

雀　稗

【学名】*Paspalum thunbergii*

【分布及危害】分布于江苏、浙江、台湾、福建、江西、湖北、湖南、四川、贵州、云南、广西、广东等地。生于荒野潮湿草地。

【形态特征】多年生草本。秆常丛生，高0.5～1m，节上有柔毛。叶鞘松弛有脊；叶舌长0.5～1.5mm；叶片长10～25cm，宽5～8mm，两面密生柔毛。总状花序3～6枚着生于主轴一侧；小穗长2.6～2.8mm，宽约2.2mm，先端微凸，倒卵状长圆形，边缘常有微毛（稀无毛），绿色或带紫色；第一颖缺，第二颖与第一外稃相似，具3脉；第二外稃革质，具粗糙细点，灰白色，与小穗等长。

成　株　　　　　　　　　　叶　鞘　　　　　　　　　　总状花序

【繁殖特性】花、果期5—10月。

显　子　草

【学名】*Phaenosperma globosa*

【分布及危害】生于山坡林下、山谷溪旁及路边草丛，海拔150～1 800m。分布于甘肃、西藏、陕西、华北、华东、西南等地。

【形态特征】多年生草本。根较稀疏而硬。秆单生或少数丛生，光滑无毛，直立，坚硬，高100～150cm，具4～5节。叶鞘光滑，通常短于节间；叶舌质硬，长达2.5cm，两侧下延为叶鞘的边缘；叶片长披针形，基部狭窄，先端渐尖细，长10～40cm，宽1～3cm，粗糙或平滑，常翻转而使腹面向下呈灰绿色，下面向上作深绿色。圆锥花序长达40cm，分枝在下部者多轮生，长达10cm，幼时斜向上升，成熟时极开展；小穗长

4 ～ 4.5mm，倒生者具长约1mm之短柄；第一颖长2.5 ～ 3mm，具3脉，两侧脉甚短，第二颖长约4mm，具3脉；外稃具3 ～ 5脉，两边脉不明显，长约4mm，内稃略短于外稃；花药长2mm。颖果倒卵球形，长约3mm，黑褐色，表面具皱纹。

群 体　　　　　　　　　　　　　成 株

【繁殖特性】花、果期5—9月。

芦 苇

【学名】*Phragmites australis*

【分布及危害】生于池塘、湖泊、河道、海滩和湿地。几乎遍布全国各地。

【形态特征】多年生高大草本。有粗壮的匍匐根状茎。秆高1 ～ 3m，直径2 ～ 10mm，节下常有白粉。叶鞘圆筒形；叶舌极短，截平，或成一圈纤毛；叶片扁平，长15 ～ 45cm，宽1 ～ 3.5cm。圆锥花序顶生，疏散，长10 ～ 40cm，稍下垂，下部分枝腋部有白柔毛；小穗通常含4 ～ 7小花，长12 ～ 16mm；颖具3脉，第一颖长3 ～ 7mm，第二颖长5 ～ 11mm；第一小花常为雄性，其外稃长9 ～ 16mm，基盘细长，有长6 ～ 12mm的柔毛；内稃长约3.5mm。颖果长圆形。

群 体

花 枝

【繁殖特性】花、期7—11月。

早熟禾

【学名】*Poa annua*

【分布及危害】喜肥沃湿润土地。几乎遍布全国各地。

【形态特征】一年生或二年生草本。秆柔软，丛生，高8～30cm。叶鞘无毛，常在中部以下闭合，上部叶的叶鞘短于节间，下部者长于节间；叶舌长1～2mm，圆头；叶片柔软，先端舟形，长2～10cm，宽1～5mm。圆锥花序开展，每节有1～3分枝，分枝

成 株

花 序

光滑；小穗含3～5小花，长3～6mm；颖质薄，边缘宽膜质，第一颖长1.5～2mm，具1脉；第二颖长2～3mm，具3脉；外稃先端及边缘宽膜质，卵圆形，脊下部有长柔毛；基盘无毛；内稃与外稃近等长或稍短，2脊上有长柔毛。颖果纺锤形。

【繁殖特性】花、果期4—5月。

棒 头 草

【学名】*Polypogon fugax*

【分布及危害】生于海拔100～3 600m的溪边及河滩湿地。分布于我国华北、华东、华中、西南、西北。

【形态特征】一年生草本。秆丛生，基部膝曲，大都光滑，高10～75cm。叶鞘光滑无毛，大都短于或下部者长于节间；叶舌膜质，长圆形，长3～8mm，常2裂或顶端具不整齐的裂齿；叶片扁平，微粗糙或下面光滑，长2.5～15cm，宽3～4mm。圆锥花序穗状，长圆形或卵形，较疏松，具缺刻或有间断，分枝长可达4cm；小穗长约2.5mm（包括基盘），灰绿色或部分带紫色；颖长圆形，疏被短纤毛，先端2浅裂，芒从裂口处伸出，细直，微粗糙，长1～3mm；外稃光滑，长约1mm，先端具微齿，中脉延伸成长约2mm而易脱落的芒；雄蕊3，花药长0.7mm。颖果椭圆形，1面扁平，长约1mm。

花 枝

花 序

【繁殖特性】花、果期4—9月。

纤毛鹅观草

【学名】*Roegneria ciliaris*

【分布及危害】生于路旁、林缘及山坡。分布于我国东北、华北、华东。

【形态特征】秆单生或成疏丛，高40～80cm，常被白粉，直立或基部膝曲。叶鞘无毛；叶片扁平，长10～20cm，宽3～10mm，无毛，边缘粗糙。穗状花序长10～20cm，直立或稍下垂；小穗通常绿色，长15～22mm(芒除外)，含6～12小花；颖长圆状披针形，先端有短尖头，两侧或一侧有齿，具5～7脉，明显，长7～9mm，边缘及边脉上有纤毛；外稃长圆状披针形，背部有粗毛，边缘有长而硬的纤毛，先端两侧或一侧有齿；基盘两侧及腹面有极短的毛；第一外稃长8～9mm，先端延伸成反曲的芒，芒长10～30mm，内稃长约为外稃的2/3，长圆状倒卵形，先端钝。颖果顶端有茸毛。

花　序　　　　　　　小　穗

【繁殖特性】花、果期4—8月。

鹅 观 草

【学名】*Roegneria kamoji*

【俗名】野麦葶

【分布及危害】生于山坡、林下、路旁、草地。全国除青海、新疆、西藏外其他各地均有分布。

【形态特征】秆直立或基部倾斜，高30～100cm。叶鞘外侧边缘常有纤毛；叶片长5～40cm，宽3～13mm。穗状花序下垂或弯曲，长7～20cm；小穗绿色或带紫色，含3～10小花，长13～25mm(芒除外)；颖卵状披针形至长圆状披针形，边缘膜质，先端锐尖、渐尖或有长2～7mm的短芒，有3～5明显的脉，第一颖长4～6mm，第二颖长5～9mm(芒除外)；外稃披针形，边缘宽膜质，背部常无毛或稍粗糙，第一外稃长

8～11mm，先端有直芒或上部稍曲折；内稃约与外稃等长，先端钝，脊上有明显的翼。

群　体

【繁殖特性】花期在早春。

大狗尾草

【学名】*Setaria faberi*

【分布及危害】生于荒地及农田边。国内分布于东北地区及江苏、广西、湖北、湖南、台湾、安徽、浙江、四川、贵州等地。

【形态特征】一年生草本。通常有支状根。秆高50～120cm，直径可达6mm，光

花　序

花　序（局部）

滑无毛。叶鞘边缘常有细纤毛，叶舌纤毛状，长1～2mm；叶片长10～40cm，宽5～20mm。圆锥花序紧缩成圆柱状，长5～24cm，常稍弯垂，主轴有柔毛；小穗椭圆形，长约3mm；刚毛通常绿色，粗糙；第一颖3脉，长为小穗的1/3～1/2；第二颖5脉，长约为小穗的3/4，稍短于小穗；第一外稃5脉，与小穗等长；内稃极退化，膜质；颖果椭圆形，先端尖，与小穗等长，有横细皱纹，成熟后背部极膨胀隆起。

【繁殖特性】花、果期7—10月。

金色狗尾草

【学名】*Setaria pumila*

【分布及危害】生于山坡、路边及荒地上。分布于全国各省区。

【形态特征】一年生草本。秆直立或基部倾斜，高为20～90cm，光滑无毛。叶鞘无毛，基部者压扁有脊；叶舌成长约1mm的柔毛；叶片长5～40cm，宽2～10mm。圆锥花序紧缩成圆柱状，刚毛金黄色或稍带紫色，长4～8mm；小穗顶端尖，长3～4mm，通常一簇中只有1枚发育；第一颖广卵形，先端尖，3脉，长为小穗的1/3～1/2；第二颖先端钝，5～7脉，长为小穗的1/2～2/3；第一外稃先端钝，5脉；与小穗等长；内稃与外稃等长，膜质；第二外稃成熟时有明显的横纹，背部极隆起，常呈黄色。

群　体　　　　　　　　　　　　花　序

【繁殖特性】花、果期6—10月。

皱叶狗尾草

【学名】*Setaria plicata*

【分布及危害】分布于江苏、浙江、安徽、江西、福建、台湾、湖北、湖南、广东、广西、四川、贵州、云南等地。生于山坡林下、沟谷地阴湿处或路边杂草地上。

【形态特征】多年生草本。不定根细而坚韧，少数具鳞芽。秆通常瘦弱，少数直径可达6mm，直立或基部倾斜，高45～130cm，无毛或疏生毛；节和叶鞘与叶片交接处，常具白色短毛。叶鞘背脉常呈脊状，密或疏生较细疣毛或短毛，毛易脱落，边缘常密生纤毛或基部叶鞘边缘无毛而近膜质；叶舌边缘密生长1～2mm纤毛；叶片质薄，椭圆状披针形或线状披针形，先端渐尖，基部渐狭呈柄状，具较浅的纵向皱折，两面或一面具疏疣毛，或具极短毛而粗糙，或光滑无毛，边缘无毛。圆锥花序狭长圆形或线形，长

秆和叶

叶 鞘

花 序

15～33cm，分枝斜向上升，长1～13cm，上部者排列紧密，下部者具分枝，排列疏松而开展，主轴具棱角，有极细短毛而粗糙；小穗着生于小枝一侧，卵状披针状，绿色或微紫色，长3～4mm，部分小穗下托以1枚细的刚毛，长1～2cm或有时不显著；颖薄纸质，第一颖宽卵形，顶端钝圆，边缘膜质，长为小穗的1/4～1/3，具3（5）脉，第二颖长为小穗的1/2～3/4，先端钝或尖，具5～7脉；第一小花通常中性或具3雄蕊，第一外稃与小穗等长或稍长，具5脉，内稃膜质，狭短或稍狭于外稃，边缘稍内卷，具2脉；第二小花两性，第二外稃等长或稍短于第一外稃，具明显的横皱纹；鳞被2；花柱基部联合。颖果狭长卵形，先端具硬而小的尖头。

【繁殖特性】花、果期6—10月。

狗尾草

【学名】*Setaria viridis*

【分布及危害】生于海拔4 000m以下的荒野、路旁及田埂。分布于全国各地。

【形态特征】一年生草本。秆直立或基部膝曲，高10～100cm，直径3～7mm。叶鞘较松弛，无毛或有柔毛；叶舌纤毛状，长1～2mm；叶片长4～30cm，宽2～18mm。

单　株

叶　鞘

花　序

果穗（局部）

圆锥花序紧密成长圆柱状或基部稍疏离，直立或稍弯曲，长2～15cm；小穗长2～2.5mm，先端钝，2至数枚簇生，刚毛小枝1～6枚；第一颖卵形，长约为小穗的1/3，具3脉；第二颖与小穗等长，具5～7脉；第一外稃与小穗等长，具5～7脉，有1狭窄内稃。颖果有细点状皱纹，成熟后很少膨胀。

【繁殖特性】花、果期5—10月。

双蕊鼠尾粟

【学名】*Sporobolus diandrus*

【分布及危害】分布于四川（雅安）、云南（河口）、贵州（望膜县）、广西、广东、福建、台湾等地。生于山坡、路旁草地中或海岸、田野上。

【形态特征】多年生草本。不定根较粗壮。秆直立，丛生，高30～90cm，基部直径1～2mm，光滑无毛。叶鞘质较硬，光滑无毛或边缘具极短的纤毛，除基部者外大都短于节间；叶舌极短，呈纤毛状；叶片线形，多数内卷，下面光滑无毛，上面常无毛，但叶片基部明显疏生柔毛，长5～20cm，分蘖者长可达30cm，宽1～3.5mm，先端渐尖。圆锥花序狭窄，长为植株的1/3～1/2，分枝纤细，光滑无毛，排列间距较长，基部主枝长达7cm，紧贴主轴或稍开展；小穗深灰绿色，排列较疏；颖膜质，第一颖甚小，先端钝或呈裂齿状，无脉，第二颖较长，可达1mm，先端尖或钝，具1不明显中脉；外稃等长于小穗，先端稍尖，具1清晰中脉；内稃较外稃略短；雄蕊常2，稀3，花药黄色或带紫色，长约0.5mm。囊果倒卵圆形至长圆形，成熟后红棕色，长约1mm，果皮遇潮湿易裂。

花 枝

【繁殖特性】花、果期5—8月。

鼠 尾 粟

【学名】*Sporobolus fertilis*

【分布及危害】生于路边、山坡和草地。分布于我国长江流域以南及陕西。

【形态特征】多年生草本。秆直立，丛生，高25～120cm，直径2～4mm，秆较坚硬，无毛。叶鞘平滑无毛；叶舌极短，纤毛状，长约0.2mm；叶片质较硬，无毛或上面基部疏生柔毛，通常内卷，长15～65cm，宽2～5mm。圆锥花序紧缩呈线形，长

7～44cm，宽0.5～1.2cm，分枝直立，其上密生长约2mm的小穗；小穗灰绿色且略带紫色，含1花；颖膜质，第一颖无脉，长约0.5mm，第二颖1脉，长1～1.5mm；外稃有1主脉及不明显的2侧脉，与小穗等长；雄蕊3，花药黄色，长0.8～1mm。囊果成熟后红褐色，明显短于外稃和内稃，长1～1.2mm，顶端平截。

成　株　　　　　　　　　　　圆锥花序

【繁殖特性】花、果期3—12月。

参考文献
REFERENCE

车晋滇, 1990. 农田杂草彩色图谱 [M]. 北京: 中国科学技术出版社.

车晋滇, 2010. 中国外来杂草原色图鉴 [M]. 北京: 化学工业出版社.

陈丹, 时焦, 张峻铨, 等, 2013. 山东烟区杂草种子库研究 [J]. 烟草科技 (5):77-80.

陈荣华, 张祖清, 申昌优, 等, 2008. 烟叶生产中的除草剂药害 [J]. 江西农业学报 (7): 116-117.

陈树文, 苏少范, 2007. 农田杂草识别与防除新技术 [M]. 北京: 中国农业出版社.

程新胜, 任勇, 2004. 乙草胺对烟草生长的影响 [J]. 安徽农业科学 (6): 1192-1194.

丁宝章, 王遂义, 周修文, 等, 1991. 河南农田杂草志 [M]. 郑州: 河南科学技术出版社.

丁建清, 1995. 农田杂草的生物防治 [J]. 中国生物防治, 11(3): 129-133.

丁伟, 关博谦, 谢会川, 2007. 烟草药剂保护 [M]. 北京: 中国科学技术出版社.

杜慧玲, 吴济南, 王丽玲, 等, 2010. 苯磺隆对土壤酶活性的影响 [J]. 核农学报, 24(3): 585-588.

段敬杰, 2003. 除草剂残毒与漂移 (空气污染) 对西瓜甜瓜的危害及防治办法 [J]. 中国西瓜甜瓜 (2): 37-38.

段新华, 王军, 曹振, 等, 2011. 农药科学使用现状浅析及对策 [J]. 中国果菜 (9): 50-51.

方江升, 陈德胜, 赵邦斌, 等, 2001. 噻磺隆和乙草胺混用药效及对大豆安全性研究 [J]. 安徽农业科学, 29(3): 339-341.

方永生, 2013. 杂草的生物学特性分析 [J]. 现代农业科技 (7): 170.

付志坤, 2009. 除草剂药害产生原因及防治对策 [J]. 北方园艺 (5): 170.

傅桂平, 陈景芬, 刘绍仁, 等, 2006. 甲磺隆、氯磺隆等除草剂的登记应用现状及防止药害的几项管理措施 [J]. 农药科学与管理, 25(9): 49-52.

高玉红, 程春杰, 2011. 西瓜田除草剂药害产生的原因及预防补救措施 [J]. 中国瓜菜, 24(3): 59-60.

苟正贵, 焦剑, 宋泽军, 等, 2010. 黔南植烟土壤杂草种子库初步研究 [J]. 河南农业科学, 39(7): 56-59.

谷美玲, 郭芳军, 谭军, 2008. 除草剂 "大田净" 防除烟田杂草的效果 [J]. 亚热带植物科学, 37(1): 54-56.

桂耀林, 杨宝珍, 汤锡珂, 1975. 农田杂草幼苗 [M]. 北京: 科学出版社.

韩云, 殷艳华, 王丽晶, 等, 2011. 广东烟田主要杂草类型与不同轮作方式杂草种类调查 [J]. 广东农业科学 (21): 76-81.

何林, 张永强, 2015. 重庆市烟田杂草种类、分布与危害程度研究 [J]. 西南大学学报 (自然科学版), 37(1):7-17.

胡坚, 2006. 云南烟田杂草的种类及防控技术 [J]. 杂草科学 (3): 14-17.

胡坚, 2007. 烟田除草剂药害及其补救措施 [J]. 农技服务, 24(2): 65.

胡金宏，2004.除草剂对农作物药害的产生及安全应用[J].农业与技术，24(3): 138-139.

黄振刚、王鹏、刘云龙，2008.除草剂药害产生原因及防止技术的探讨[J].农药科学与管理，29 (3): 50-51.

纪成灿、林海、白万明，等，2002.配色膜覆盖栽培对烟田杂草控制效果研究[J].中国烟草科学，23(3): 37-40.

蒋予恩，1988.我国烟草种质资源概况[J].中国烟草(1): 42-45.

金环宇、田平、张湘，等，2008.除草剂药害产生的主要原因及科学使用方法[J].种业导刊(7): 26-27.

金永玲、孔祥清、靳学慧，等，2014.黑龙江省7个地区烟田杂草种类、分布及危害情况[J].杂草科学，32(3): 16-20.

孔垂华，1998.植物化感作用研究中应注意的问题[J].应用生态学报，9(3): 109-113.

李金才，2010.浅谈农药施用技术存在问题及改进方法[J].中国科技纵横(3): 37.

李儒海、褚世海、郭利，等，2012.襄阳市烟田杂草种类与分布[J].湖北农业科学，51(19): 4262-4265.

李树美，1997.安徽省烟田杂草的分布与危害[J].中国烟草学报，3(4): 60-66.

李锡宏、李儒海、褚世海，等，2012.湖北省十堰市烟田杂草的种类与分布[J].中国烟草科学，33(4): 55-59.

李香菊、杨殿贤、赵郁强，等，2007.除草剂对作物产生药害的原因及治理对策[J].农药科学与管理，28(3): 39-44.

李扬汉，1998.中国杂草志[M].北京：中国农业出版社.

李应金、陈惠明、胡坚，等，2003.烟田杂草防除试验研究[J].西南农业大学学报(自然科学版)，25(5): 425-427.

李应金、陈惠明、杨军章，等，2002.除草剂、除草膜防除烟田杂草试验[J].烟草科技(11): 32-34.

李灼，2013.诊断2,4-D丁酯对大豆药害症状的指标分析[D].哈尔滨：东北农业大学.

林长福、李志念，2002.除草剂的药害诊断及预防补救[J].现代农药，1(6): 29-31.

刘胜男、李斌、许多宽，等，2014.四川省德阳市烟田杂草种类、危害及出苗特点调查[J].杂草科学，32(4): 16-19.

刘士阳，2011.金狗尾草和大狗尾草对硝磺草酮耐药性差异研究[D].北京：中国农业科学院.

刘秀娟、周宏平、郑加强，2005.农药雾滴飘移控制技术研究进展[J].农业工程学报(1): 186-190.

刘亦学、刘焕禄、张学文，等，2005.除草剂药害及其预防和补救[J].天津农林科技(6): 18-20.

刘远雄、邹本勤、柴宝山，等，2007.除草剂研究开发的新进展与发展趋势[J].农药(10): 649-652,665.

隆晓，2012.烟田前茬和当季除草剂对烤烟生长的影响研究[D].长沙：湖南农业大学.

娄群峰、张敦阳、王庆亚，等，1998.不同耕作型油菜田土壤杂草种子库的研究[J].杂草科学(1): 6-8.

罗金香、丁伟、刘元平，等，2015.重庆市烟田杂草种类、分布与危害程度研究[J].西南大学学报(自然科学版)，37(1):7-17.

罗金香、石生探、丁伟，等，2014.8种除草剂对烟草的安全性及倍创对砜嘧磺隆的减量增效作用[J].西南大学学报(自然科学版)，36(6): 34-40.

罗战勇、李淑玲、谭铭喜，2007.广东省烟田杂草的发生与分布现状调查[J].广东农业科学(5):59-64.

马承忠、刘滨、许捷，等，2010.图说农田杂草识别及防除[M].北京：中国农业出版社.

马奇祥、赵永谦，2004.农田杂草识别与防除原色图谱[M].北京：金盾出版社.

阙劲松、赵国晶、徐云，等，2009.昆明烟区烟田杂草的主要种类与防除技术[J].云南农业科技(6):49-52.

沈笑天、赵国交、常远成，等，1999.烟草苗床杂草分布与防治[J].河南农业大学学报，33(增刊):128-130.

石生探，丁伟，罗金香，等，2015.重庆市烟田土壤杂草种子库调查研究[D].重庆：西南大学.

石旭旭，王红春，高婷，等，2013.化感作用及其在杂草防除中的应用[J].杂草学报，31(2): 6-9.

时焦，韦建玉，徐宜民，等，2015.邵阳烤烟风格特色与生产技术集成[M].北京：中国农业科学技术出版社.

时焦，徐宜民，孙惠青，等，2006.锈菌对杂草小蓟的侵染与为害[J].中国烟草科学，27(2): 23-25.

时焦，张光利，李永富，2007.植物病原物除草剂的研究进展[J].中国烟草学报，13 (6): 14-16.

宋敏，于洪柱，娄玉洁，等，2011.山野豌豆生物学特性及其利用[J].草业与畜牧(4):5-6.

宋润刚，艾军，李晓红，等，2010.2,4-D丁酯除草剂对山葡萄药害致因及补救措施[J].北方园艺(12): 61-64.

苏少泉，宋顺祖，1996.中国农田杂草化学防除[M].北京：中国农业出版社.

苏新宏，2008.依靠技术创新实现烟叶可持续发展[C]// 王元英，董国智，陈江华.现代烟草农业学术论文集.
　　北京：中国农业科学技术出版社: 54-59.

孙光军，廖海民，王济湘，等，1993.贵州铜仁地区烟田杂草初步名录[J].杂草科学(3): 11-16.

孙惠青，王凤龙，钱玉梅，等，2012.几种烟田除草剂对比试验药效评价[J].农药科学与管理，33(1) : 56-59.

孙凯，2012.农田除草剂飘移对菜豆生理特性影响的研究[D].长春：吉林农业大学.

孙明海，顾士莲，徐庆民，等，2006.玉米除草剂药害产生的原因及预防措施[J].作物杂志(3): 60-61.

孙小五，汪矛，毕冬玲，等，2005.猪毛菜幼苗的发育解剖学研究[J].西北植物学报，25(5): 917-922.

王彩芬，张义奇，李风岭，2005.玉米田除草剂对长豇豆的危害及防治对策[J].农村经济与科技(2): 30-31.

王德好，杨兵，吴宗国，等，2005 .沿江圩区长期稻麦连作田土壤杂草种子库的研究[J].中国植保导刊(1):
　　5-8.

王芳，2008.不同除草剂对烟田杂草防除效果的研究[J].安徽农业科学，36(14): 5937,6062.

王钢，时焦，李正鹏，等，2018.玉米田除草剂对烤烟的药害作用[J].烟草科技，51(8): 12-15.

王健，钟雪梅，吕香玲，等，2016.不同品种玉米对烟嘧磺隆的耐药性研究进展[J].农药学学报，18(3): 282-
　　290.

王军，张凯，2013.安康市旱作油菜田杂草种类调查初报[J].陕西农业科学(1): 19-21.

王韧，1986.我国杂草生防的现状及若干问题的讨论[J].生物防治通报，2(4): 173-177.

王险峰，2015.除草剂药害与控制[J].现代化农业(10): 1-6.

王兆振，毕亚玲，丛聪，等，2013.除草剂对作物的药害研究[J].农药科学与管理，34(5): 68-73.

王枝荣，1992.中国农田杂草原色图谱[M].北京：农业出版社.

吴竞伦，周恒昌，2000.稻田土壤杂草种子库研究[J].中国水稻科学，14(1): 37-42.

吴轶凡，钱晓刚，2012.几种除草剂烟田除草效果分析[J].耕作与栽培(2): 19,27.

吴振海，成巨龙，安德荣，等，2012.陕西烟田杂草初步调查[J].北方园艺(13):45-49.

项盛，宗伏霖，吴学民，等，2015.苯氧乙酸类除草剂飘移及风险评价[J].农药，54(10): 709-714.

信晓阳，曲高平，张荣，等，2014.不同品种油菜对苯磺隆耐药性差异的鉴定[J].西北农业学报，23(7): 68-
　　74.

徐汉虹，2007.植物化学保护学[M].4版.北京：中国农业出版社.

徐茜，黄端启，周泽启，等，2000.不同类型地膜覆盖对烟田杂草控制效果[J].杂草科学(4): 33-35.

徐爽，崔丽，晏升禄，等，2012.贵州省烟田杂草的发生与分布现状调查[J].江西农业学报，24(2):67-70.

阎飞，杨振明，韩丽梅，2001.论农业持续发展中的化感作用[J].应用生态学报，12(4): 633-635.

颜玉树，1989.杂草幼苗识别图谱[M].南京：江苏科学技术出版社.

杨贝贝,杨敬先,李作信,2009.玉米除草剂对蔬菜的为害及其防治对策[J].科学种养(10):29.

杨红梅,冯莉,陈光辉,2008.作物田杂草种子库研究进展[J].广东农业科学(10):57-67.

杨蕾,吴元华,贝纳新,等,2011.辽宁省烟田杂草种类、分布与危害程度调查[J].烟草科技,49(5):80-84.

杨文权,寇建村,刘斌,等,2006.野生植物婆婆纳的坪用性状[J].草原与草坪(1):54-57.

杨雨环,叶照春,代飞,等,2014.安顺市烟田杂草的种类及发生危害状况[J].贵州农业科学,42(8):116-118.

叶少锋,2012.常用玉米除草剂药害发生原因及补救方法[J].天津农林科技(5):12-14.

叶照春,陆德清,何永福,等,2010.贵州省烤烟地杂草发生情况调查[J].杂草科学(1):15-19.

叶照春,陆德清,何永福,等,2011.烟田杂草出苗特点及化学防除药剂筛选[J].贵州农业科学,39(12):145-150.

殷连平,1998.杂草与病虫害[J].植物检疫,12(2):109-111.

于顺利,蒋高明,2003.土壤杂草种子库研究进展及若干研究热点[J].植物生态学报,27(4):552-560.

余清,2008.云南烟地杂草调查及防治技术研究[D].长沙:湖南农业大学.

余清,屠乃美,曾嵘,2008.烟田杂草对烤烟产量和产值的影响研究[J].湖南农业科学(5):92-93.

俞琦英,周伟军,2010.油菜田的杂草发生特点及其防治研究概况[J].浙江农业科学,1(1):123-127.

战徊旭,时焦,孟坤,等,2015.四川省主要烟区土壤杂草种子库研究[J].烟草科技,48(6):19-22.

张超群,陈荣华,冯小虎,等,2012.江西省烟田杂草种类与分布调查[J].江西农业学报,24(6):80-82.

张朝贤,钱益新,胡祥恩,等,1998.合理用药预防长残效除草剂残留药害[J].杂草科学(2):2-4.

张军林,张蓉,慕小倩,等,2006.婆婆纳化感机理研究初报[J].中国农学通报(11):151-153.

张玲,李广贺,张旭,2004.土壤杂草种子库研究综述[J].生态学杂志,23(2):114-120.

张霓,2004.贵州烟田杂草的种类及防除试验[J].贵州农业科学,32(3):54-56.

张树明,2011.砜嘧磺隆25%水分散粒剂防除烟草田一年生杂草田间药效试验[J].农药科学与管理,32(4):50-51.

张玉聚,孙建伟,王全德,等,2009.中国除草剂应用技术大全[M].北京:中国农业科学技术出版社.

招启柏,薛光,赵小青,等,1998.江苏省烟田杂草发生及危害状况初报[J].江苏农业科学(1):43-45.

中国科学院北京植物研究所化学除草组,1977.农田杂草的识别与化学防除[M].北京:科学出版社.

中国科学院植物研究所,1972.中国高等植物图鉴(第二册)[M].北京:科学出版社.

中国科学院中国植物志编辑委员会,1979.中国植物志[M].北京:科学出版社.

中国科学院中国植物志编辑委员会,1984.中国植物志[M].北京:科学出版社.

中国科学院中国植物志编辑委员会,1991.中国植物志[M].北京:科学出版社.

中国科学院中国植物志编辑委员会,1996.中国植物志[M].北京:科学出版社.

中国科学院中国植物志编辑委员会,1997.中国植物志[M].北京:科学出版社.

中国科学院中国植物志编辑委员会,1998.中国植物志[M].北京:科学出版社.

中国农田杂草原色图谱编委会,1990.中国农田杂草原色图谱[M].北京:农业出版社.

朱建义,李斌,曾庆宾,等,2015.四川省攀西烟田杂草种类、危害及出苗规律[J].中国烟草科学,36(4):91-95.

朱文达,宋志红,张宏军,2010.56%二甲四氯钠粉剂对稻田3种杂草的防治效果[J].华中农业大学学报,29(4):444-446.

BRENCHLEY W E, WARINGTON K, 1930. The weed seed population of arable land [J]. Ecology, 10: 235-272.

BRENCHLEY W E, WARINGTON K, 1933. The weed seed population of arable soli. Ⅱ. The influence of crop, soli and methods of cultivation upon the relative abundance of viable seeds [J]. Ecology, 21: 103-127.

BRENCHLEY W E, WARINGTON K, 1936. The weed seed population of arable soli. Ⅲ. The reestablishment of weed species after reduction by following [J]. Ecology, 24: 479-501.

CHARUDATTAN R, 1991. Microbial control of weeds [M]. New York: Springer: 24-57.

JOHNSON A K, ROETH F W, MARTIN A R, et al, 2006. Glyphosate spray drift management with drift-reducing nozzles and adjuvants[J]. Weed Technology, 20(4): 893-897.

JUTSUM A R, 1988. Commercial application of biological control: status and prospects [J]. Philos. Trans. R. Soc., 318: 357-373.

PATTERSON D T, 1981. Effects of all elopathic chemicals on growth and physiological responses of soybean (*Glycine max*)[J]. Weed Science, 29(1): 53-59.

图书在版编目（CIP）数据

中国烟田杂草图鉴/王凤龙等主编 .—北京：中国农业出版社，2021.5

ISBN 978-7-109-27352-8

Ⅰ.①中… Ⅱ.①王… Ⅲ.①烟草–杂草–除草–中国–图解 Ⅳ.①S451–64

中国版本图书馆CIP数据核字（2020）第180414号

中国农业出版社出版

地址：北京市朝阳区麦子店街18号楼

邮编：100125

责任编辑：阎莎莎　张洪光　文字编辑：谢志新

版式设计：王　晨

印刷：北京通州皇家印刷厂

版次：2021年5月第1版

印次：2021年5月北京第1次印刷

发行：新华书店北京发行所

开本：787mm×1092mm　1/16

印张：21.5

字数：490千字

定价：149.00元